Quinoa extra

9-6/23
$2-

D1069658

Quinoa extra

170 RECETTES ÉPATANTES *pour apprivoiser ce superaliment*

PATRICIA GREEN *et* CAROLYN HEMMING

Les Éditions Transcontinental

Les Éditions Transcontinental
1100, boul. René-Lévesque Ouest, 24e étage
Montréal (Québec) H3B 4X9
Téléphone : 514 392-9000 ou 1 800 361-5479
www.livres.transcontinental.ca

Pour connaître nos autres titres, consultez le **www.livres.transcontinental.ca.**
Pour bénéficier de nos tarifs spéciaux s'appliquant aux bibliothèques d'entreprise
ou aux achats en gros, informez-vous au **1 866 800-2500.**

Catalogage avant publication de Bibliothèque et Archives nationales du Québec et Bibliothèque et Archives Canada

Green, Patricia
Quinoa extra : 170 recettes épatantes pour apprivoiser ce superaliment
Traduction de : Quinoa 365.
Comprend un index.

ISBN 978-2-89472-493-4

1. Cuisine (Quinoa). I. Hemming, Carolyn. II. Titre.

TX809.Q55G7314 2011 641.6'31 C2011-940322-6

Coordination de la production : Marie-Suzanne Menier
Traduction et révision : Pierrette Dugal-Cochrane et France Giguère
Correction : Edith Sans Cartier
Infographie : Diane Marquette
Conception graphique et illustrations, pages intérieures : Setareh Ashrafologhalai
Conception graphique, couverture : Michelle Mayne et Setareh Ashrafologhalai ; adaptation de la version Canada français : Marie-Josée Forest
Photographie culinaire et photo des auteures en couverture : Ryan Szulc
Stylisme culinaire : Nancy Midwicki
Accessoires : Madeleine Johari

Impression : Transcontinental Interglobe

Imprimé au Canada

Dépôt légal – Bibliothèque et Archives nationales du Québec, 1er trimestre 2011
Bibliothèque et Archives Canada

Nous reconnaissons l'aide financière du gouvernement du Canada par l'entremise du Fonds du livre du Canada pour nos activités d'édition. Nous remercions également la SODEC de son appui financier (programmes Aide à l'édition et Aide à la promotion).

ASSOCIATION NATIONALE DES ÉDITEURS DE LIVRES

Les Éditions Transcontinental sont membres de l'Association nationale des éditeurs de livres.

À notre mère, Vera E. Friesen, pour qui l'alimentation était une forme de médecine. Nous lui devons notre intérêt pour la santé et le mieux-être.

SOMMAIRE

PRÉFACE

Je garderai toujours cette image de ma mère, la tête renversée dans une posture de yoga compliquée, qui nous rappelait que notre collation de croustilles d'algues nous attendait sur le comptoir de la cuisine quand nous revenions de l'école. Nous n'étions pas contentes, car nous aurions bien voulu avoir des collations normales comme les autres enfants. Élevées strictement au pain maison, nous regardions avec envie le pain blanc que nos camarades de classe dévoraient à l'heure du lunch. Nous étions convaincues qu'il devait être meilleur au goût, car leurs sandwichs parfaitement symétriques étaient beaucoup plus attrayants. Les nôtres étaient tout croches avec leurs tranches de pain brun épaisses et inégales, ponctuées d'inquiétants grains qui faisaient penser à des bestioles.

Le caractère unique de notre alimentation santé s'est mis à nous plaire quand nous avons vu nos amies reculer d'horreur devant nos algues séchées malodorantes et notre pain brun rempli de graines. Leur dégoût rendait, d'une certaine manière, nos croustilles et notre pain meilleurs, et commençait à nous donner l'impression d'appartenir à une organisation secrète. Aujourd'hui, en regardant le passé avec nos yeux d'adultes, nous apprécions encore plus ces moments où notre mère nous tenait gentiment le menton pour nous faire avaler une cuillerée d'huile de foie de morue malgré notre bouche fermée. Nous rigolons encore en pensant au père Noël qui, lui, n'aurait jamais osé glisser un livre sur les bienfaits de l'ail dans le bas de Noël d'une adolescente.

Nous sommes des filles des Prairies, et notre relation avec la nature et la terre a été façonnée par nos week-ends passés à la ferme de nos grands-parents. Nous courions à travers champs, furetions dans la grange à la recherche de trésors, organisions des concours pour savoir qui allait attraper le plus de souris dans le grenier à céréales. Qu'on le veuille ou non, nous avons été élevées en ayant toujours conscience que la terre est source de vie. Quand grand-maman nous envoyait cueillir des petits fruits en nous disant de remplir nos seaux, nous savions qu'il n'y avait rien de mieux pour nous que les aliments complets et naturels.

J'ai toujours été capricieuse pour la nourriture, mais comme je suis la cadette, mon unique sœur, Patricia, était mon modèle. Si je n'étais pas sûre d'un aliment, mais que ma sœur le trouvait correct, j'étais davantage portée à le goûter. Une fois devenue adulte, j'ai conservé mes saines habitudes, mais prendre le temps de préparer un repas complet ne m'intéressait pas. Je me contentais de manger du gruau à l'ancienne, du fromage cottage ou du yogourt nature et du muesli tous les jours.

Finalement, Patricia m'a convaincue que le quinoa pouvait me fournir tout ce dont j'avais besoin – variété, énergie et protéines – pour mes séances d'exercice et mon horaire de travail chargé. Et comme le quinoa est facile à cuisiner, j'ai commencé à en manger avec avidité. Enthousiasmée par sa facilité de préparation, j'en faisais des quantités considérables les fins de semaine pour mes déjeuners, dîners et soupers. Pendant ce temps, ma sœur inventait de nouvelles façons de préparer le quinoa, tout en l'introduisant en douce dans les repas quotidiens de ses enfants et de son mari. Ses essais audacieux et sa détermination à créer des plats savoureux et nutritifs, conjugués à mes drôles d'habitudes alimentaires, ont abouti à la compilation des recettes de ce livre.

Quinoa extra vous fera découvrir qu'il est facile d'adopter de saines habitudes au quotidien en utilisant du quinoa. Comme ce superaliment est polyvalent, il convient parfaitement pour faire le pont entre des habitudes alimentaires bien ancrées et l'adoption progressive de meilleurs choix nutritionnels.

Ce livre résume l'histoire du quinoa, parle de ses caractéristiques nutritives et, bien sûr, propose des recettes qui le mettent en valeur. Vous y trouverez des idées pour le déjeuner, des salades, des amuse-gueules, des collations, des accompagnements, des soupes, des plats mijotés, des plats végétariens ou non, d'autres sans gluten, des biscuits, des muffins, des pains, des desserts délicieux et même des préparations pour bébés. Que ce soit pour une occasion spéciale ou tout simplement pour un souper de semaine, il y a certainement une recette à base de quinoa qui vous plaira. Smoothies du déjeuner, casseroles nourrissantes, biscuits gourmands au chocolat et autres régals sauront assurément satisfaire la famille et les amis. – C. H.

CE QU'IL FAUT SAVOIR SUR LE QUINOA

Considéré il n'y a pas si longtemps comme une culture de remplacement ou un produit de niche, le quinoa est en train de devenir un aliment courant en Amérique du Nord (auparavant, il était surtout consommé par les végétariens et les personnes intolérantes au gluten). Ses qualités nutritionnelles supérieures ont amené des cuisiniers de tous les calibres à se lancer dans la création de plats originaux pour régaler leurs familles et surprendre leurs invités. Riche en nutriments, le quinoa a également suscité l'intérêt des personnes soucieuses de leur santé et de celles qui surveillent leur poids ou qui suivent un régime hyperprotéiné.

Cultivé principalement en Amérique du Sud, le quinoa est vendu dans la plupart des épiceries, des marchés d'aliments naturels et des magasins d'aliments en vrac. Vous pouvez aussi le commander en ligne auprès de fournisseurs d'aliments naturels pour vous en faire livrer de plus grandes quantités directement chez vous. Des pâtes alimentaires qui associent quinoa et farine de riz ou de kamut, ou fécule de pomme de terre sont également offertes sur le marché.

Vous avez 15 minutes devant vous? Alors, vous avez le temps de préparer du quinoa. Prêt en un clin d'œil, il se conserve jusqu'à 1 semaine au réfrigérateur. Chaque minute de votre temps compte? En préparant la fin de semaine une bonne quantité de quinoa nature que vous garderez au frigo, vous pourrez facilement cuisiner vos recettes favorites en un minimum de temps. Le quinoa se prête à presque toutes les préparations, ce qui veut dire que vous pouvez le consommer le matin, à l'heure du lunch, au souper et en collation, et ainsi profiter au maximum des bienfaits de ce superaliment.

Les personnes qui connaissent le quinoa ont tendance à le cuisiner en se limitant à quelques-uns de leurs plats classiques favoris. Celles qui viennent de le découvrir se demandent comment le faire cuire et l'intégrer aux menus de tous les jours. Que vous soyez un chef

CÔTÉ PORTEFEUILLE

Le quinoa peut sembler cher à l'achat (de 6 à 8 $ le kilo), mais comme il triple de volume à la cuisson (et même parfois plus), il fournit plus de valeur nutritive et d'énergie qu'une même quantité de riz blanc, de pâtes ou de viande. À titre comparatif, jetons un coup d'œil à des aliments que nous achetons couramment: le cheddar coûte de 3 à 4 $ le kilo; les haricots rouges, 0,60 $ le kilo; le beurre, 6 $ le kilo; le café, de 16 à 20 $ le kilo.

LES SUPER ÉLÉMENTS NUTRITIFS DU QUINOA

Le quinoa a une teneur élevée en vitamines et minéraux, dont la riboflavine, le calcium, la vitamine E, le fer, le potassium, le phosphore, le magnésium, l'acide folique et le bêtacarotène[1]. Une tasse (250 ml) de quinoa blanc non cuit fournit 626 calories et pas moins de 24 g de protéines.

1 tasse (250 ml) de quinoa non cuit	
Calories	626
Matières grasses	10 g
Gras saturés	1 g
Gras trans	0 g
Cholestérol	0 mg
Sodium	8 mg
Glucides	109 g
Fibres alimentaires	12 g
Protéines	24 g

1 tasse (250 ml) de quinoa cuit	
Calories	222
Matières grasses	3,5 g
Gras saturés	0 g
Gras trans	0 g
Cholestérol	0 mg
Sodium	13 mg
Glucides	40 g
Fibres alimentaires	5 g
Protéines	8 g

Source: Nutrient Data Laboratory, USDA National Nutrient Database (en ligne), http://www.nal.usda.gov/fnic/foodcomp/search/index.html (consulté le 2 septembre 2009).

amateur ou chevronné, nos recettes vous montreront comment utiliser ce précieux superaliment tous les jours.

Reconnu comme l'un des meilleurs aliments santé de la planète, le quinoa contient tous les éléments nutritifs essentiels, ce qui en fait un aliment complet idéal à intégrer au quotidien. Très polyvalent, il s'accommode de presque tous les aliments qu'on consomme dans l'année et peut entrer dans la composition de soupes, de salades, de plats principaux et de desserts au goût exquis. En plus, il est facile à préparer, peu importe vos talents culinaires. Le quinoa est en outre considéré comme un aliment kasher, car il ne s'agit pas d'une véritable céréale.

Le quinoa est particulièrement intéressant pour les végétariens et les végétaliens, car il constitue une source de protéines non animales de qualité supérieure. Sa teneur optimale en acides aminés et sa facilité de digestion en font une excellente solution de remplacement des protéines animales.

Les personnes qui suivent un régime amaigrissant peuvent aussi bénéficier du quinoa, qui contient des glucides complexes, reconnus comme de bons glucides. Contrairement aux glucides simples présents dans les aliments transformés, les glucides du quinoa se digèrent graduellement. Résultat: une plus grande valeur nutritive, car le sucre n'est pas converti rapidement en gras, ce qui fait du quinoa un aliment de choix pour les personnes qui suivent un régime faible en glucides. De plus, les glucides complexes prolongent la sensation de satiété et aident à stabiliser la glycémie. Par ailleurs, certaines recherches ont démontré que des régimes riches en protéines pourraient favoriser la perte de poids[2]. Peut-être, mais si les protéines sont principalement fournies par des viandes grasses, ce type de régime pourrait entraîner d'autres problèmes de santé. La viande rouge, tout particulièrement, contient des gras saturés. Or, il a été démontré qu'une consommation excessive de gras saturés cause des maladies du cœur. Beaucoup de viandes contiennent également des antibiotiques, des additifs et des agents de conservation. Avec sa teneur élevée en protéines, le quinoa constitue donc un substitut de choix pour les personnes qui suivent un régime hyperprotéiné.

Le quinoa fait partie des 10 meilleurs aliments qui aident à former les muscles, en raison de son contenu en protéines, en acides aminés et en glucides complexes[3]. La qualité de ses protéines fait en sorte que

1 ESKIN, M. *Quinoa: Properties and Performance*, Kamsack (Saskatchewan), Shaw Printers, 2002, pp. 5-12.
2 ADAMS, M. « High Protein Diet Good for Your Health, Good for Weight Loss, Says Startling New research », *Natural News* (en ligne), www.naturalnews.com/001480.html (consulté le 17 août 2008).
3 KALMAN, D. « The Top 10 Muscle Building Foods », *ProSource* (en ligne), www.prosource.net/article-2007-top-10-muscle-building-foods.jsp (consulté le 17 août 2008).

UN SUPERALIMENT POUR DE SUPER BÉBÉS

Les Incas appelaient le quinoa « le grain mère », non sans raison. Ils croyaient que cet aliment complet pouvait favoriser une grossesse en santé, contribuer à la santé du bébé et améliorer le lait maternel. Le quinoa est riche en histidine, un acide aminé que le corps ne peut fabriquer: il doit donc être fourni directement par l'alimentation. L'histidine est considérée comme un acide aminé essentiel pour les enfants, car elle est nécessaire au développement humain[10]. Le profil nutritif parfait du quinoa a donc de quoi assurer un bon départ aux enfants.

Le quinoa regorge de protéines qui se digèrent facilement. Presque toujours biologique, il est riche en fibres, en fer et en calcium, trois éléments jugés essentiels dans l'alimentation des nourrissons, selon le département de l'Agriculture des États-Unis (USDA) et les exigences nutritionnelles du Canada. Le quinoa est une bonne solution de remplacement des « premiers aliments » qui ont une valeur nutritive inférieure, comme le riz. En choisissant le quinoa, on évite aussi le risque accru d'allergies causées par les produits laitiers et le blé.

l'organisme utilise avec efficacité les éléments de base, au lieu de les éliminer comme il le fait avec beaucoup de suppléments en protéines utilisés pour la formation des muscles. Le quinoa est également un excellent aliment pour les athlètes, car ses glucides complexes fournissent énergie et endurance aux muscles soumis à un effort intense.

De plus en plus de gens ont des allergies alimentaires, notamment au blé et à ses dérivés, et même aux aliments qui contiennent des traces de blé. Le quinoa ne fait pas partie de la même famille que le blé et ne contient pas de gluten. Il est donc tout indiqué pour les personnes qui souffrent d'intolérance au gluten, de la maladie cœliaque, de la maladie de Crohn ou de colite. Il a aussi été reconnu que le quinoa est idéal dans les régimes sans gluten recommandés aux enfants autistiques et à ceux qui souffrent d'un trouble déficitaire de l'attention[4].

Bien que le quinoa ne soit pas techniquement une céréale, il a des similarités avec les céréales entières. Or, il a été démontré que ces dernières peuvent réduire l'hypertension et prévenir l'insuffisance cardiaque en ralentissant le blocage des artères et en facilitant le retrait de la plaque accumulée dans les artères[5]. Le quinoa est également riche en magnésium, qui aide à réduire l'hypertension en dilatant les vaisseaux sanguins. De plus, les lignanes des plantes, ou phytonutriments, présentes dans les aliments complets comme le quinoa auraient la capacité de protéger l'organisme contre un grand nombre de maladies.

Au-delà de la santé du cœur, la consommation de céréales entières serait liée à un risque moindre de cancer du sein[6] et de diabète de type 2[7], et à la prévention des calculs biliaires[8]. La teneur élevée en manganèse et en cuivre du quinoa lui procure un pouvoir antioxydant qui favorise l'élimination des toxines et des radicaux libres pouvant causer des maladies. Le quinoa est également riche en acide linoléique, un acide gras essentiel reconnu pour améliorer la réponse immunitaire[9].

Il n'y a pas à dire, le quinoa est vraiment un superaliment!

---

4 GATES, D. « Understanding the Inner Ecosystem & Unlocking the Mystery of Autism » (en ligne), http://bodyecology.com/autism.php (consulté le 21 janvier 2009).

5 DJOUSSE, L. et J. GAZIANO. « Breakfast cereals and risk of heart failure in the physicians' health study I », *Archives of Internal Medicine*, vol. 167, no 19, 22 octobre 2007, pp. 2080-2085.

6 CADE, J.E., V.J. BURLEY et D.C. GREENWOOD. « Dietary fibre and risk of breast cancer in the UK Women's Cohort Study », *International Journal of Epidemiology*, 24 janvier 2007.

7 VAN DAM, R., F. HU *et al.* « Dietary calcium and magnesium, major food sources, and risk of type 2 diabetes in U.S. Black women », *Diabetes Care*, vol. 29, no 10, octobre 2006, pp. 2238-2243.

8 TSAI, C., M. LEITZMANN *et al.* « Long-term intake of dietary fiber and decreased risk of cholecystectomy in women », *American Journal of Gastroenterology*, vol. 99, no 7, juillet 2004, pp. 1364-1370.

9 ESKIN, M. *Op. cit.*, p. 23.

10 « Histadine », *Encyclopaedia Britannica* (en ligne), http://www.britannica.com/EBchecked/topic/267029/histadine (consulté le 20 février 2009).

UNE CULTURE AVANTAGEUSE

On dit que la culture du quinoa a de nombreux avantages sur les autres productions agricoles. Très résistante, la plante, qui peut mesurer de 5 à 6 pieds (1,5 à 1,8 m) de hauteur, a la capacité de germer à des températures fraîches et de croître en altitude dans des conditions arides, ce qui fait du quinoa une excellente culture de subsistance. Il convient aussi de noter qu'il suffit de 4 tasses (1 L) de graines pour obtenir 1 acre (environ 4 050 m^2) de surface cultivée. De plus, la saponine qui enveloppe le grain agit comme un pesticide naturel: les produits chimiques ne sont donc pas nécessaires pour protéger les champs.

RINCER LE QUINOA

La légère saveur de noisette, parfois un peu amère, du quinoa vient de la saponine, l'enveloppe protectrice qui recouvre le grain. Elle disparaît presque complètement lorsque le quinoa est lavé avant d'être commercialisé. À moins qu'il provienne directement de chez un producteur ou d'un magasin d'aliments en vrac, le quinoa a été débarrassé de la saponine. Néanmoins, certains soutiennent que le quinoa cuit aura meilleur goût s'il est rincé avant d'être utilisé. Pour ce faire, il suffit de le mettre dans une passoire fine et de le passer sous l'eau froide, ou de le faire tremper de 2 à 3 heures dans un bol d'eau, puis de le rincer. Pendant le rinçage ou le trempage, frottez délicatement les grains entre vos doigts pour éliminer toute l'amertume. En suivant ces étapes, vous êtes sûr que l'amertume du quinoa disparaîtra.

Les types de quinoa

Les **grains de quinoa** peuvent être rouges, noirs, blancs ou dorés. Les commerces tiennent surtout le quinoa blanc ou doré, mais on trouve de plus en plus de quinoa rouge ou noir. Les grains colorés peuvent être mélangés dans les recettes ou utilisés pour donner un effet spectaculaire à des plats préparés pour des occasions spéciales. À moins d'indication contraire, les recettes de ce livre utilisent principalement du quinoa blanc ou doré, mais rien ne vous empêche de faire vos essais avec les grains colorés de votre choix. Les valeurs nutritives peuvent varier légèrement selon la couleur, mais elles restent excellentes.

De couleur ivoire, la **farine de quinoa** a généralement la même texture fine que la farine tout usage ordinaire. Il existe également sur le marché des farines plus rustiques dont la texture est plus grossière. Pour la pâtisserie, nous vous suggérons cependant d'acheter une farine fine. Si vous préférez une texture plus grossière, vous pouvez faire votre propre farine en broyant des grains de quinoa non cuit au robot culinaire ou au mélangeur.

La farine de quinoa a une saveur de noisette que certaines personnes pourraient trouver légèrement amère. Si vous mariez la farine aux bons ingrédients, l'amertume disparaîtra, et les plats que vous obtiendrez seront savoureux et super nutritifs. La farine de quinoa peut être utilisée dans la plupart des recettes de pâtisserie, mais son léger goût de noisette peut altérer la saveur finale. Ce goût s'intègre bien dans la plupart des recettes, mais il peut parfois être trop dominant dans d'autres. De plus, l'absence de gluten peut rendre les pains éclair légèrement plus denses et plus lourds. Lorsque vous voulez intégrer de la farine de quinoa dans vos recettes de pâtisserie, utilisez une portion de farine de quinoa mélangée à des portions de farine tout usage, de blé entier, de tapioca ou de riz, ou de fécule de pomme de terre. Il est conseillé de garder la farine de quinoa au réfrigérateur ou au congélateur pour lui conserver un maximum de fraîcheur.

Vendus dans les magasins d'aliments naturels et certaines épiceries spécialisées, les **flocons de quinoa** ont la même texture que les flocons d'avoine et se préparent de la même façon. Une fois cuits, ils ont un goût plutôt neutre, comme les flocons d'avoine, et peuvent être utilisés dans le même genre de recettes. Les flocons de quinoa font de bonnes céréales pour le déjeuner, et on peut leur ajouter des abricots séchés, des raisins secs ou des fruits frais. Ils font également des préparations pour bébés fantastiques. Comme les flocons de quinoa ne sont pas toujours faciles à trouver, ce livre présente seulement quelques recettes qui les mettent en vedette.

LES POUSSES DE QUINOA

Vous préférez consommer vos aliments vivants? Les grains germés sont des aliments vivants riches en enzymes. Beaucoup de gens sont d'avis que manger des grains germés peut augmenter le niveau d'énergie, nettoyer l'organisme, accélérer la guérison et mener à une meilleure santé. Ils peuvent être consommés tels quels ou ajoutés à des aliments froids, comme les salades et les sandwichs.

Pour faire germer les grains de quinoa, mettez-les dans un plat peu profond rempli d'eau. La germination commence rapidement. Dès que le petit germe vert commence à se dérouler, les pousses de quinoa sont prêtes à être consommées. Le goût des pousses de quinoa est à son meilleur si on les laisse germer de 12 à 14 heures (on peut aussi les laisser germer plus longtemps; voir la méthode complète p. 56). La durée de germination détermine la quantité de pousses obtenue.

Quinoa non cuit	Eau	Pousses de quinoa (environ)
2 c. à soupe (30 ml)	½ tasse (125 ml)	⅓ tasse (80 ml)
¼ tasse (60 ml)	¾ tasse (185 ml)	¾ tasse (185 ml)
⅓ tasse (80 ml)	1 tasse (250 ml)	1 tasse (250 ml)
½ tasse (125 ml)	1 ½ tasse (375 ml)	1 ½ tasse (375 ml)
⅔ tasse (160 ml)	2 tasses (500 ml)	2 tasses (500 ml)
¾ tasse (185 ml)	2 ¼ tasses (560 ml)	2 ¼ tasses (560 ml)
1 tasse (250 ml)	3 tasses (750 ml)	3 tasses (750 ml)

Le préparer pour vos recettes

Faire cuire le quinoa n'est pas sorcier. Il existe différentes méthodes de cuisson; à vous de choisir celle qui vous convient le mieux.

La cuisson du quinoa est semblable à celle du riz, du couscous et du millet. Le quinoa peut d'ailleurs être utilisé dans beaucoup de plats où ces céréales sont à l'honneur. À la cuisson, il gonfle comme le riz et triple presque de volume. Sa saveur naturelle de noisette se marie bien aux fruits, aux légumes, aux sauces, aux viandes – bref, à presque tout ce que vous cuisinez déjà tous les jours. Grâce à sa polyvalence, vous pouvez l'utiliser pour préparer aussi bien des amuse-gueules ou des accompagnements que des plats de résistance. Le quinoa sert aussi d'agent épaississant et fait de superbes bases de soupes ou de poudings, que vous utilisiez des grains de quinoa réduits en purée ou de la farine de quinoa délayée dans de l'eau.

LA CUISSON À FEU DOUX AVEC REPOS. La principale méthode de cuisson du quinoa ressemble à celle du riz. Par contre, le temps de cuisson est moitié moins long que celui du riz: 1 tasse (250 ml) de quinoa cuit en plus ou moins 15 minutes. La cuisson à feu doux avec repos est notre méthode préférée, car elle est rapide et ne nécessite aucun égouttage. Comment faire? Mettez le quinoa et l'eau dans une casserole et portez à ébullition. Réduisez à feu doux, couvrez la casserole et faites cuire pendant 10 minutes. Éteignez le feu et laissez reposer le quinoa sur le feu de 4 à 7 minutes sans découvrir la casserole. La chaleur résiduelle accumulée dans la casserole continuera de cuire le quinoa. Le temps de repos du quinoa est déterminé par l'usage que vous en ferez. Si vous désirez une texture al dente, comme pour les salades, laissez reposer de 4 à 5 minutes. Pour obtenir des grains plus légers et plus gonflés, qu'on utilise dans les recettes de céréales pour le déjeuner ou la plupart des plats principaux, laissez reposer de 5 à 7 minutes sans découvrir la casserole. Pour les recettes de préparations pour bébés et les gâteaux, biscuits et autres pâtisseries, un repos de 10 à 15 minutes est recommandé. Il n'est pas nécessaire de remuer le quinoa ou de soulever le couvercle pendant la cuisson. Par contre, il est important de retirer la casserole du feu et d'enlever le couvercle une fois que le temps de repos est terminé pour éviter de trop cuire les grains. S'il reste de l'eau dans la casserole après le temps de cuisson recommandé, c'est probablement que vous avez couvert la casserole et réduit la température du feu avant que la préparation ne bouille vraiment à gros bouillons. Pour enlever l'eau, laissez la casserole sur le feu 5 minutes de plus sans la découvrir. Il peut également rester de l'eau si vous faites cuire du quinoa rouge ou noir moins de 14 minutes. Dans ce cas, égouttez les grains, tout simplement.

PROPORTIONS ET RENDEMENT DU QUINOA EN GRAINS		
Quinoa non cuit	Eau (ou autre liquide, sauf le lait)	Quinoa cuit (environ)
2 c. à soupe (30 ml)	¼ tasse (60 ml)	⅓ tasse (80 ml)
¼ tasse (60 ml)	½ tasse (125 ml)	¾ tasse (185 ml)
⅓ tasse (80 ml)	⅔ tasse (160 ml)	1 tasse (250 ml)
½ tasse (125 ml)	1 tasse (250 ml)	1 ½ tasse (375 ml)
⅔ tasse (160 ml)	1 ⅓ tasse (330 ml)	2 tasses (500 ml)
¾ tasse (185 ml)	1 ½ tasse (375 ml)	2 ¼ tasses (560 ml)
1 tasse (250 ml)	2 tasses (500 ml)	3 tasses (750 ml)

LA CUISSON AVEC ÉGOUTTAGE. Les personnes qui n'aiment pas l'amertume du quinoa apprécieront cette méthode de cuisson, la même que celle utilisée pour les pâtes. Comment faire? Jetez le quinoa dans une grande casserole d'eau bouillante et faites cuire à découvert, à feu moyen-vif, pendant environ 15 minutes (utilisez une partie de quinoa pour quatre parties d'eau). Égouttez bien le quinoa. Il sera translucide et gonflé. Consultez le tableau ci-dessus pour connaître la quantité de quinoa cuit obtenue.

LA CUISSON À LA VAPEUR. Vous pouvez cuire le quinoa à la vapeur dans n'importe lequel de ces populaires et pratiques cuiseurs à riz vendus sur le marché. Vous n'avez qu'à suivre les indications du fabricant pour la cuisson du riz blanc, en n'oubliant pas de laisser assez d'espace pour le volume additionnel du quinoa.

LA CUISSON À LA MIJOTEUSE. Vous pouvez ajouter du quinoa aux recettes préparées à la mijoteuse, comme les soupes, les chilis et les casseroles. Seules précautions: assurez-vous d'avoir assez de liquide et d'ajouter le quinoa à la mi-cuisson du plat mijoté. Vous devez avoir au moins 2 tasses (500 ml) de liquide pour chaque tasse (250 ml) de quinoa que vous ajoutez.

Nous ne recommandons pas la cuisson au micro-ondes: elle prend souvent plus de temps, demande plus d'attention, et ne donne pas toujours la texture légère recherchée ni des grains bien gonflés.

Comment utiliser ce livre

Ce livre comprend des recettes pour tous les goûts et tous les types de régimes. La plupart peuvent se préparer avec ou sans viande, avec ou sans produits laitiers, ou avec ou sans gluten, si vous utilisez les bons produits de remplacement. Voici la signification des symboles que vous trouverez dans ce livre.

Sans gluten

Ce symbole indique que la recette ne comporte aucun produit dérivé de céréales contenant du gluten, comme le blé, le seigle ou l'orge (ou que la recette est sans gluten lorsqu'elle est préparée avec des ingrédients de remplacement appropriés). Nous vous suggérons d'acheter des ingrédients (comme de la poudre à pâte et des flocons d'avoine) étiquetés « sans gluten ».

Approuvé par les enfants

Ce symbole indique que la recette a été testée par des enfants et qu'elle a obtenu un A.

Mets végétarien

Ce symbole indique que la recette ne contient pas de poisson, de poulet ou de viande (mais elle peut contenir des produits laitiers ou des œufs). Si la liste d'ingrédients comprend quand même du poisson, du poulet ou de la viande, ils ne font pas partie intégrante du plat et peuvent être omis en version végétarienne.

Convient aux bébés de la tranche d'âge indiquée

Ce symbole précède l'âge auquel le bébé peut, en principe, consommer la préparation.

Secrets et histoire du quinoa

par Claire Burnett, M. Sc., et Laurie Scanlin, Ph. D., vice-présidente et présidente de Keen Ingredients Inc.

On dit que le quinoa est l'aliment le plus puissant de la région andine du Pérou et de la Bolivie. Pendant plus de 5 000 ans, les peuples autochtones de l'Altiplano l'ont vénéré plus que l'or. En raison de ses qualités spirituelles, c'était la nourriture sacrée des Incas, qui l'appelaient *chisiya mama*, ou « grain mère ». La culture du quinoa donnait lieu à des cérémonies religieuses complexes que dirigeait l'empereur au début de chaque saison pour assurer une bonne récolte et après la récolte pour remercier la terre. Les cérémonies s'accompagnaient souvent de la consommation de chicha, une boisson fermentée à base de quinoa, semblable à la bière.

Les Incas jugeaient que seul le quinoa était assez puissant pour nourrir leur corps et leur fournir toute la résistance, la force et l'énergie nécessaires aux activités d'endurance. Les armées incas pouvaient marcher à plus de 12 000 pieds (3 650 m) d'altitude pendant des jours, voire des semaines, sans consommer de protéines animales. Leur seul source d'énergie provenait d'un mélange de quinoa et de gras appelé « boules de guerre ».

À leur arrivée au XVIe siècle, les Espagnols ont constaté la force que le quinoa donnait aux Incas. Pour enrayer la culture de ces derniers, l'armée espagnole a détruit les champs de quinoa et interdit aux Incas de le cultiver, de le consommer ou de vénérer ce grain « magique ». Le quinoa a été remplacé par la pomme de terre, le blé et l'orge. Bientôt, la malnutrition et la mortalité infantile se sont mises à grimper. Le peu qui restait de cette culture était caché sur les flancs des hautes montagnes, ce qui a permis à la plante de s'adapter à des conditions extrêmement difficiles: pauvreté du sol, aridité, rayons ultraviolets intenses et gels sévères. Pas pour rien qu'elle survit depuis plus de 5 000 ans !

Encore cultivé comme aliment de base, le quinoa est aussi produit de façon commerciale au Pérou et en Bolivie, mais sa culture s'est étendue à d'autres pays, dont l'Équateur, le Chili, la Colombie et l'Argentine. Plus récemment, il a fait son apparition au Colorado, au Canada, en Asie et même en Europe. Si le quinoa est si populaire aujourd'hui, c'est sans doute en raison de sa résistance et de sa facilité de croissance dans des conditions limites, mais aussi grâce à ses qualités nutritionnelles supérieures.

UNE ENVELOPPE BIENFAISANTE

Le grain de quinoa est recouvert d'une enveloppe amère, la saponine, qui est normalement retirée avant la mise en marché. La saponine a un goût désagréable, ce qui protège efficacement la plante contre les insectes et les oiseaux. La majeure partie de la saponine est retirée par abrasion avant la commercialisation, mais il est quand même recommandé de rincer le quinoa avant de l'utiliser afin d'enlever toute trace d'amertume. Le sous-produit de saponine pourrait être exploité industriellement sous forme d'insecticides, de savons et de shampooings. Il fait actuellement l'objet d'études pour d'éventuels usages pharmaceutiques.

Des vertus exceptionnelles

De nos jours, le quinoa est plus souvent consommé en grains, mais on le trouve aussi sous forme de farine ou de flocons. Il gagne en popularité en tant qu'ingrédient et est utilisé à l'occasion dans les pâtes, les barres énergétiques, le pain et les céréales.

Suite à la page suivante...

Techniquement parlant, le quinoa n'est pas une céréale. Cultivé et consommé comme une céréale, c'est en fait le fruit d'une plante à grandes feuilles de la même famille que les épinards et les betteraves (chénopodiacées). Ses grains peuvent être ivoire, jaunes, orange, rouges, verts, bruns et même noirs. Certains champs sont d'une seule couleur, tandis que d'autres déploient les nuances de l'arc-en-ciel.

Source d'énergie par excellence, les protéines du quinoa contiennent tous les acides aminés essentiels nécessaires au développement du corps humain. Selon l'Organisation des Nations Unies pour l'alimentation et l'agriculture (FAO), les qualités nutritives du quinoa se comparent à celles du lait entier en poudre. Fait extrêmement rare pour une plante, la composition en acides aminés du quinoa est d'une qualité supérieure à celle du blé, de l'orge, du riz ou du soja, et se compare à celle de la caséine, une protéine présente dans le lait.

La plupart des céréales ont une faible teneur en lysine (un acide aminé), tandis que les légumineuses ont une faible teneur en cystéine et en méthionine. Comme ce sont des aliments jugés incomplets, il faut les associer à d'autres aliments pour obtenir un apport protéique adéquat. Le quinoa, lui, est une source de protéines complètes. De plus, il est exempt de gluten et hypoallergénique, et il contient des quantités importantes d'histidine, un acide aminé essentiel pour les nourrissons et les enfants (le quinoa est utilisé depuis longtemps comme aliment de sevrage dans les régions andines).

Son contenu en vitamines et en minéraux n'est pas non plus à négliger. Le quinoa est riche en vitamines E, B_2 et B_6, en acide folique, en biotine, en calcium, en potassium, en fer, en cuivre, en magnésium, en manganèse et en chlorure. Sa teneur en calcium et en fer est plus élevée que celle du riz, du maïs, du blé, de l'orge et de l'avoine.

Des études ont démontré que, comparativement aux huiles de maïs, de sésame, de soja et de graines de coton, l'huile présente dans le quinoa contient moins de gras saturés et plus de gras mono et polyinsaturés. Elle est également exempte de cholestérol et de gras trans. Sa composition en acides gras se compare à celle du maïs, avec une concentration élevée d'acides linoléique et linolénique. De plus, le quinoa contient une grande quantité d'antioxydants naturels, principalement des tocophérols (vitamine E), reconnus pour leurs effets anti-cancer et anti-âge. Les antioxydants aident également à prévenir le rancissement du quinoa, augmentant ainsi sa durée de conservation.

Pour toutes ces raisons, la NASA étudie la possibilité d'inclure la culture du quinoa dans son programme Controlled Ecological Life Support System (CELSS). Les premières études indiquent que le quinoa pourrait être un excellent candidat en raison de sa grande concentration en protéines, de sa facilité d'utilisation, de sa diversité de modes de préparation et de son potentiel de rendement élevé. Qui sait, peut-être qu'à l'avenir le quinoa sera au menu de nos astronautes dans leur grand périple vers Mars !

Chapitre 1

AU DÉJEUNER

Matins exquis

C'est le moment d'améliorer vos habitudes matinales. Démarrez du bon pied et faites le plein d'énergie pour le reste de la journée grâce aux propriétés nutritionnelles du quinoa. Si vous aimez les plats chauds, essayez le Quinoa aux raisins secs, une omelette ou des gaufres. Pas le temps de déjeuner ? Emportez du Smoothie aux fruits tropicaux ou du Yogourt fouetté aux fraises. À l'heure de la collation, vous aimerez les Pancakes à la citrouille, un de nos déjeuners favoris, délicieux chauds ou froids.

4 portions

Quinoa aux fruits séchés

¼ tasse (60 ml) d'amandes en bâtonnets
1 tasse (250 ml) de quinoa
2 ½ tasses (625 ml) d'eau
½ tasse (125 ml) de tranches de pommes séchées, coupées en dés
¼ tasse (60 ml) de raisins secs
1 c. à thé (5 ml) de cannelle moulue
1 c. à thé (5 ml) de vanille
1 c. à soupe (15 ml) de cassonade (facultatif)
1 tasse (250 ml) de yogourt à la vanille

Dans une casserole, faire griller les amandes à feu moyen-vif, en remuant souvent, de 3 à 4 minutes ou jusqu'à ce qu'elles soient dorées et qu'elles dégagent leur arôme. Réserver dans un petit bol.

Dans la casserole, mélanger le quinoa, l'eau, les pommes, les raisins et la cannelle et porter à ébullition. Réduire à feu doux, couvrir et cuire pendant 17 minutes. Incorporer la vanille et la cassonade, si désiré. Répartir la préparation dans des bols, garnir du yogourt et parsemer des amandes réservées.

1 portion

Céréales chaudes aux bleuets et aux graines de lin

Vous pouvez remplacer les flocons d'avoine à cuisson rapide par des flocons d'avoine ordinaires et les ajouter à la préparation après 7 minutes de cuisson. Cette recette peut être facilement doublée ou triplée.

3 c. à soupe (45 ml) de quinoa
⅔ tasse (160 ml) d'eau
2 c. à soupe (30 ml) de flocons d'avoine à cuisson rapide
1 à 2 c. à thé (5 à 10 ml) de sirop d'érable, de miel ou de cassonade
1 ½ c. à thé (7 ml) de graines de lin moulues ou entières
2 c. à soupe (30 ml) de bleuets frais ou surgelés, décongelés
lait, crème à 10 % ou yogourt à la vanille (facultatif)

Mettre le quinoa dans une petite casserole, ajouter l'eau et porter à ébullition. Réduire à feu doux, couvrir et cuire pendant 10 minutes. Incorporer les flocons d'avoine. Couvrir et poursuivre la cuisson pendant 5 minutes ou jusqu'à ce que les flocons d'avoine soient tendres. Retirer la casserole du feu. Ajouter le sirop d'érable et les graines de lin et mélanger. Incorporer les bleuets en soulevant délicatement la masse. Servir avec du lait, si désiré.

4 à 6 portions

Quinoa chaud aux canneberges et aux dattes

1 tasse (250 ml) de quinoa
2 ½ tasses (625 ml) d'eau
⅔ tasse (160 ml) de canneberges séchées
¼ tasse (60 ml) de dattes ou de pruneaux hachés
1 ¼ c. à thé (6 ml) de graines de lin moulues
1 c. à thé (5 ml) de cannelle moulue
1 pincée de muscade moulue
1 c. à thé (5 ml) de vanille
cassonade et lait, boisson de riz ou yogourt (facultatif)

Mettre le quinoa dans une grande casserole, ajouter l'eau et porter à ébullition. Ajouter les canneberges, les dattes, les graines de lin, la cannelle et la muscade et mélanger. Réduire à feu doux, couvrir et cuire pendant 17 minutes ou jusqu'à ce que le quinoa soit tendre. Retirer la casserole du feu et incorporer la vanille. Servir avec de la cassonade et du lait, si désiré.

1 portion

Quinoa et son d'avoine à l'érable et aux noix

2 c. à soupe (30 ml) de noix de Grenoble
⅓ tasse (80 ml) de quinoa
⅔ tasse (160 ml) d'eau
1 c. à soupe (15 ml) de son d'avoine
2 c. à thé (10 ml) de sirop d'érable
lait, yogourt à la vanille ou crème (facultatif)

Dans une casserole, faire griller les noix de Grenoble à feu moyen-vif, en remuant souvent, de 3 à 4 minutes ou jusqu'à ce qu'elles soient dorées et qu'elles dégagent leur arôme. Retirer la casserole du feu et laisser refroidir légèrement. Hacher les noix et réserver.

Dans la casserole, mélanger le quinoa, l'eau et le son d'avoine et porter à ébullition. Réduire à feu doux, couvrir et cuire pendant 12 minutes. Éteindre le feu et laisser reposer pendant 6 minutes sans découvrir la casserole. Retirer la casserole du feu. Incorporer les noix de Grenoble réservées et le sirop d'érable. Servir avec du lait, si désiré.

4 à 6 portions

Quinoa aux raisins secs

Cette version santé du populaire pouding au riz pourrait passer pour un dessert. Vous pouvez bien sûr servir ce plat à la fin d'un repas en augmentant la quantité de sirop d'érable ou de miel.

1 tasse (250 ml) de quinoa
2 ½ tasses (625 ml) de lait à 2 %
¼ tasse (60 ml) de raisins secs
2 c. à soupe (30 ml) de sirop d'érable ou de miel
¼ c. à thé (1 ml) de cannelle moulue
2 gros œufs
½ c. à thé (2 ml) de vanille
1 c. à soupe (15 ml) de beurre

Dans une casserole, mélanger le quinoa, le lait, les raisins, le sirop d'érable et la cannelle et porter à ébullition. Réduire à feu doux, couvrir et cuire, en remuant de temps à autre, pendant 5 minutes ou jusqu'à ce que le quinoa soit tendre.

Dans un petit bol, battre les œufs et la vanille. Tempérer les œufs en incorporant 1 c. à thé (5 ml) du quinoa cuit à l'aide d'un fouet. Répéter sept fois en fouettant après chaque addition.

Incorporer les œufs tempérés à la préparation de quinoa dans la casserole. Poursuivre la cuisson à feu doux de 3 à 5 minutes ou jusqu'à ce que la préparation ait épaissi. Incorporer le beurre, puis retirer la casserole du feu.

1 portion

Céréales chaudes aux raisins secs et aux épices

1 c. à soupe (15 ml) d'amandes en tranches
3 c. à soupe (45 ml) de quinoa
⅔ tasse (160 ml) d'eau
1 c. à soupe (15 ml) de raisins secs
¼ c. à thé (1 ml) de cannelle moulue
1 pincée de muscade moulue
2 c. à soupe (30 ml) de flocons d'avoine à cuisson rapide
2 c. à thé (10 ml) de cassonade ou de sirop d'érable
¼ tasse (60 ml) de lait, de boisson de soja, de crème à 10 % ou de yogourt à la vanille (facultatif)

Dans une petite casserole, faire griller les amandes à feu moyen-vif, en remuant souvent, de 3 à 4 minutes ou jusqu'à ce qu'elles dégagent leur arôme. Réserver dans un petit bol.

Dans la casserole, mélanger le quinoa, l'eau, les raisins, la cannelle et la muscade et porter à ébullition. Réduire à feu doux, couvrir et cuire pendant 10 minutes. Incorporer les flocons d'avoine. Couvrir et poursuivre la cuisson pendant 6 minutes. Incorporer les amandes réservées et la cassonade. Servir avec le lait, si désiré.

2 portions

Flocons de quinoa aux pêches

N'importe quel fruit peut remplacer les pêches: ajustez simplement la quantité de miel au goût.

½ tasse (125 ml) de flocons de quinoa
1 tasse (250 ml) de lait ou de boisson de soja
2 c. à thé (10 ml) de miel ou de sirop d'érable
½ c. à thé (2 ml) de cannelle moulue
½ c. à thé (2 ml) de vanille
½ tasse (125 ml) de pêches fraîches ou en conserve, coupées en dés

Dans une casserole, mélanger les flocons de quinoa, le lait, le miel et la cannelle. Cuire à feu moyen, à découvert, en remuant souvent (les flocons de quinoa mettront environ 2 minutes à cuire). Retirer la casserole du feu. Incorporer la vanille et les pêches.

1 portion

Trésor de fibres

Pour égayer l'heure du déjeuner, pensez à varier la couleur des grains de quinoa.

1 c. à soupe (15 ml) d'amandes en tranches ou hachées
¼ tasse (60 ml) de quinoa noir, blanc ou rouge
½ tasse (125 ml) d'eau
1 c. à soupe (15 ml) de son d'avoine
½ tasse (125 ml) de framboises fraîches ou surgelées, décongelées
2 c. à thé (10 ml) de sirop d'érable
yogourt ou lait (facultatif)

Dans une petite casserole, faire griller les amandes à feu moyen, en remuant souvent, pendant 4 minutes ou jusqu'à ce qu'elles dégagent leur arôme. Réserver dans un petit bol.

Dans la casserole, mélanger le quinoa, l'eau et le son d'avoine et porter à ébullition. Réduire à feu doux, couvrir et cuire pendant 10 minutes. Éteindre le feu et laisser reposer pendant 6 minutes sans découvrir la casserole. Ajouter les framboises, les amandes réservées et le sirop d'érable et mélanger. Servir avec du yogourt, si désiré.

2 portions

Muesli au yogourt et aux fruits séchés

Préparez ce déjeuner nourrissant la veille et commencez la journée avec un délicieux bol de quinoa et de flocons d'avoine garni de votre mélange de fruits frais ou séchés favori. Les lève-tard auront un lunch santé léger ou une collation d'avant-midi à emporter.

½ tasse (125 ml) de gros flocons d'avoine
¼ tasse (60 ml) de farine de quinoa
1 c. à soupe (15 ml) de cassonade
¼ c. à thé (1 ml) de cannelle moulue
1 tasse (250 ml) de yogourt nature
¼ c. à thé (1 ml) de vanille
¼ tasse (60 ml) d'amandes hachées
¼ tasse (60 ml) d'abricots secs hachés
¼ tasse (60 ml) de graines de citrouille
¼ tasse (60 ml) de canneberges séchées
1 banane coupée en tranches (facultatif)

Dans un bol, mélanger les flocons d'avoine, la farine, la cassonade et la cannelle. Ajouter le yogourt et la vanille et bien mélanger. Incorporer les amandes, les abricots, les graines de citrouille et les canneberges. Couvrir et réfrigérer jusqu'au lendemain.

Répartir la préparation de céréales dans des bols et garnir de tranches de banane, si désiré. Servir froid. Le muesli se conserve jusqu'à 2 jours au réfrigérateur dans un contenant hermétique.

4 à 6 portions

Quinoa au lait de coco et à l'ananas

Chaude ou froide, cette préparation aux accents tropicaux peut aussi se servir à l'heure du lunch ou de la collation.

1 tasse (250 ml) de quinoa
1 boîte de 14 oz (398 ml) de lait de coco léger
1 boîte de 14 oz (398 ml) d'ananas broyé, le jus réservé
1 c. à soupe (15 ml) de cassonade
1 c. à thé (5 ml) de vanille

Mettre le quinoa dans une casserole, ajouter le lait de coco et porter à ébullition. Réduire à feu doux, couvrir et cuire pendant 10 minutes. Éteindre le feu et laisser reposer pendant 6 minutes sans découvrir la casserole.

Verser ½ tasse (125 ml) du jus d'ananas réservé dans la casserole et mélanger. Ajouter la cassonade et la vanille et bien mélanger. Incorporer l'ananas. Le quinoa au lait de coco se conserve jusqu'à 2 jours au réfrigérateur dans un contenant hermétique.

Donne 7 tasses (1,75 L).

Granola santé

Un mélange équilibré et complet de fruits séchés, de noix et de quinoa à consommer tel quel ou avec du lait, de la boisson de soja ou du yogourt. Il est parfait en randonnée pour redonner de l'énergie ou au bureau pour calmer les fringales.

- 2 ½ tasses (625 ml) de gros flocons d'avoine
- ¾ tasse (185 ml) d'amandes entières
- ½ tasse (125 ml) de graines de citrouille
- ½ tasse (125 ml) de graines de tournesol non salées
- ¼ tasse (60 ml) de graines de sésame
- ⅓ tasse (80 ml) de quinoa (non cuit)
- ¼ tasse (60 ml) de flocons de noix de coco non sucrés
- ¼ tasse (60 ml) de noix de Grenoble en morceaux
- 1 tasse (250 ml) de sirop d'érable
- 1 c. à thé (5 ml) de vanille
- 2 c. à thé (10 ml) de cannelle moulue
- ⅓ tasse (80 ml) de canneberges séchées
- ¼ tasse (60 ml) de raisins secs

Préchauffer le four à 225°F (105°C). Dans un grand bol, bien mélanger les flocons d'avoine, les amandes, les graines de citrouille, de tournesol et de sésame, le quinoa, la noix de coco et les noix de Grenoble.

Dans un petit bol, mélanger le sirop d'érable et la vanille. Verser ce mélange sur la préparation de flocons d'avoine et mélanger pour bien le répartir. Parsemer uniformément de la cannelle et bien mélanger. Étaler la préparation sur une grande plaque de cuisson et cuire au four pendant 1 heure.

Laisser refroidir. Ajouter les canneberges et les raisins et mélanger. Le granola se conserve jusqu'à 4 semaines au garde-manger dans un contenant hermétique.

4 portions

Gaufres

Ces gaufres moelleuses au petit goût de noisette se congèlent bien et font un repas rapide. Si vous n'avez pas de gaufrier, vous pouvez les cuire dans une poêle, comme des crêpes. Elles sont un vrai régal quelle que soit la garniture: yogourt, sirop d'érable, sirop de fruits, beurre d'arachide, tranches de bananes, morceaux d'ananas, fruits des champs ou autres fruits frais, lait de coco refroidi, sirop de chocolat ou sauce au caramel.

2 ¼ tasses (560 ml) de farine de quinoa
4 c. à thé (20 ml) de poudre à pâte
1 ½ c. à soupe (22,5 ml) de sucre blanc ou de sucre de canne
¾ c. à thé (4 ml) de sel
2 gros œufs
1 ¼ tasse (310 ml) de lait à 1 % ou à 2 %
1 tasse (250 ml) d'eau
½ tasse (125 ml) d'huile végétale
1 c. à thé (5 ml) de vanille

Dans un grand bol, mélanger la farine, la poudre à pâte, le sucre et le sel. Dans un autre bol, battre les œufs, le lait, l'eau, l'huile et la vanille. Verser le mélange d'œufs sur les ingrédients secs et bien mélanger afin d'obtenir une pâte liquide.

Graisser un gaufrier (ou le vaporiser légèrement d'huile végétale) et le chauffer. Verser la pâte sur les plaques en suivant les instructions du fabricant et fermer le couvercle. Cuire de 5 à 6 minutes ou jusqu'à ce que le couvercle s'ouvre facilement. Les gaufres se conservent jusqu'à 3 jours au réfrigérateur ou jusqu'à 4 semaines au congélateur dans un contenant hermétique. Réchauffer au four grille-pain ou au micro-ondes.

Variante Ces gaufres peuvent servir de base à des sandwichs aussi délicieux qu'originaux. Le classique jambon Forêt-Noire–fromage monterey jack est une bonne option, mais ce n'est pas la seule. Tout est affaire de goût et les possibilités sont infinies.

4 portions

Crêpes au quinoa et au chocolat, garniture au yogourt

Un déjeuner gourmand et nutritif. Garnies de bananes (et d'un peu de sauce au chocolat, si vous vous laissez tenter), ces crêpes légères sont moins caloriques qu'elles n'y paraissent.

- ⅓ tasse (80 ml) de farine de quinoa
- 2 c. à soupe (30 ml) de poudre de cacao
- 1 c. à soupe (15 ml) de sucre
- 3 gros œufs
- 1 c. à soupe (15 ml) de beurre salé fondu
- ⅓ tasse (80 ml) de lait à 1 % ou à 2 %
- ⅔ tasse (160 ml) de yogourt nature
- 2 c. à soupe (30 ml) de cassonade
- ½ c. à thé (2 ml) de vanille
- 4 bananes coupées en tranches
- sauce au chocolat (facultatif)

Dans un bol, bien mélanger la farine, le cacao et le sucre. À l'aide d'un fouet, ajouter les œufs, puis le beurre fondu en mélangeant délicatement. Ajouter petit à petit le lait et mélanger jusqu'à ce que la pâte soit lisse.

Graisser légèrement une petite poêle (ou la vaporiser légèrement d'huile végétale) et la chauffer à feu moyen. Lorsqu'elle est chaude, y verser environ 3 c. à soupe (45 ml) de la pâte et l'étendre pour couvrir uniformément le fond. Cuire pendant 30 secondes ou jusqu'à ce que les bords de la crêpe commencent à dorer. Retourner la crêpe et poursuivre la cuisson pendant 30 secondes. Réserver la crêpe dans une assiette. Répéter avec le reste de la pâte (vous obtiendrez environ huit crêpes).

Dans un autre bol, mélanger le yogourt, la cassonade et la vanille. Étendre environ 3 c. à soupe (45 ml) de la garniture au yogourt sur chaque crêpe et ajouter quelques tranches de banane. Plier délicatement les crêpes sur la garniture en rabattant les bords vers le centre. Garnir chacune de quelques tranches de banane et napper de sauce au chocolat, si désiré.

Donne environ 17 pancakes.

Pancakes à la citrouille

Toutes les occasions sont bonnes pour se régaler de ces pancakes à la purée de citrouille parfumée d'épices.

1 ½ tasse (375 ml) de farine de quinoa
¼ tasse (60 ml) de cassonade tassée
2 c. à thé (10 ml) de poudre à pâte
1 c. à thé (5 ml) de bicarbonate de sodium
1 c. à thé (5 ml) de piment de la Jamaïque moulu
1 c. à thé (5 ml) de cannelle moulue
½ c. à thé (2 ml) de gingembre moulu
½ c. à thé (2 ml) de sel
1 ¾ tasse (435 ml) de babeurre ou de lait sur
1 tasse (250 ml) de purée de citrouille
2 gros œufs
2 c. à soupe (30 ml) d'huile végétale
sirop d'érable
½ tasse (125 ml) de pacanes grillées
crème fouettée (facultatif)

Dans un grand bol, bien mélanger la farine, la cassonade, la poudre à pâte, le bicarbonate de sodium, le piment de la Jamaïque, la cannelle, le gingembre et le sel. Dans un autre bol, à l'aide d'un fouet, mélanger le babeurre, la purée de citrouille, les œufs et l'huile. Incorporer le mélange de babeurre aux ingrédients secs jusqu'à ce que la pâte soit homogène, sans plus.

Graisser ou huiler légèrement une grande poêle antiadhésive (ou la vaporiser légèrement d'huile végétale) et la chauffer à feu moyen. Lorsqu'elle est chaude, y verser la pâte en portions de ¼ tasse (60 ml). Cuire jusqu'à ce que de petites bulles se forment à la surface et que le dessous soit doré. Retourner les pancakes et poursuivre la cuisson de 20 à 25 secondes ou jusqu'à ce que le centre reprenne sa forme après une légère pression. (Si les pancakes collent à la poêle lorsque vous les soulevez avec la spatule, graissez ou huilez la poêle de nouveau avant de cuire le reste.) Servir les pancakes avec du sirop d'érable, les pacanes et de la crème fouettée, si désiré.

Solution de rechange Si vous n'avez pas de babeurre, vous pouvez utiliser du lait sur. Pour le préparer, ajoutez 1 c. à soupe (15 ml) de vinaigre ou de jus de citron à 1 tasse (250 ml) de lait.

Donne 20 pancakes.

Pancakes au quinoa

Vous pouvez adapter ces traditionnels pancakes à votre goût. N'hésitez pas à mélanger farines de quinoa, de blé entier et tout usage selon vos préférences.

- 2 ⅔ tasses (660 ml) de farine de quinoa
- ¼ tasse (60 ml) de sucre blanc ou de sucre de canne
- 2 c. à soupe (30 ml) de poudre à pâte sans gluten
- 1 c. à thé (5 ml) de sel
- 2 ½ tasses (625 ml) de lait ou de boisson de soja
- 2 gros œufs
- 2 c. à soupe (30 ml) d'huile végétale
- ½ c. à thé (2 ml) de vanille

Dans un grand bol, mélanger la farine, le sucre, la poudre à pâte et le sel. Dans un autre bol, à l'aide d'un fouet, mélanger le lait, les œufs, l'huile et la vanille. Incorporer le mélange de lait aux ingrédients secs en fouettant jusqu'à ce que la pâte soit lisse.

Graisser ou huiler légèrement une poêle antiadhésive (ou la vaporiser d'huile végétale) et la chauffer à feu moyen-vif. Lorsqu'elle est chaude, y verser la pâte en portions de ¼ tasse (60 ml) et l'étaler en cercles de 4 po (10 cm). Cuire jusqu'à ce que de petites bulles se forment à la surface. Retourner les pancakes et poursuivre la cuisson pendant 30 secondes ou jusqu'à ce que le centre reprenne sa forme après une légère pression. (Si les pancakes collent à la poêle lorsque vous les soulevez avec la spatule, graissez ou huilez la poêle de nouveau avant de cuire le reste. Les pancakes seront plus moelleux si vous les retournez seulement une fois.)

Variante Pour préparer des pancakes aux bleuets et aux graines de lin, ajoutez ¼ tasse (60 ml) de graines de lin moulues aux ingrédients secs. Parsemez la pâte de quelques bleuets aussitôt après l'avoir versée dans la poêle. Étant donné que le temps de cuisson de ces pancakes est un peu plus long, faites-les cuire à feu moyen.

Donne 9 galettes.

Galettes de quinoa et de pommes de terre

Ces galettes sont un vrai régal servies avec du ketchup ou garnies de salsa, de crème sure et de cheddar fondant.

⅓ tasse (80 ml) de quinoa
⅔ tasse (160 ml) d'eau
1 ½ tasse (375 ml) de pommes de terre crues, pelées et râpées
1 gros œuf
1 c. à thé (5 ml) de sel
1 c. à soupe (15 ml) de beurre

Mettre le quinoa dans une casserole, ajouter l'eau et porter à ébullition. Réduire à feu doux, couvrir et cuire pendant 10 minutes. Éteindre le feu et laisser reposer pendant 6 minutes sans découvrir la casserole. Détacher les grains de quinoa avec une fourchette et laisser refroidir à découvert.

Mélanger le quinoa refroidi, les pommes de terre, l'œuf et le sel. Chauffer une grande poêle antiadhésive à feu moyen et y faire fondre 1 c. à thé (5 ml) du beurre. Lorsqu'elle est chaude, pour chaque galette, déposer environ ⅓ tasse (80 ml) de la préparation de pommes de terre dans la poêle et l'aplatir à ½ po (1 cm) d'épaisseur avec une spatule. Cuire les galettes, quelques-unes à la fois, 5 minutes de chaque côté ou jusqu'à ce qu'elles soient dorées. Cuire le reste de la préparation de pommes de terre de la même manière en ajoutant 1 c. à thé (5 ml) du beurre dans la poêle avant chaque cuisson. Garnir au goût.

2 portions

Œufs brouillés au cheddar et au piment jalapeño

- ¼ tasse (60 ml) de quinoa
- ½ tasse (125 ml) d'eau
- 1 c. à soupe (15 ml) de beurre
- ½ tasse (125 ml) de poivron rouge coupé en dés
- 4 gros œufs
- 1 c. à soupe (15 ml) de lait
- 1 à 2 c. à thé (5 à 10 ml) de piment jalapeño mariné, haché finement
- 1 pincée de sel
- ¼ tasse (60 ml) de cheddar râpé
- ¼ tasse (60 ml) d'oignons verts coupés en tranches fines

Mettre le quinoa dans une petite casserole, ajouter l'eau et porter à ébullition. Réduire à feu doux, couvrir et cuire pendant 10 minutes. Éteindre le feu et laisser reposer pendant 5 minutes sans découvrir la casserole. Détacher les grains de quinoa avec une fourchette. Réserver à découvert.

Dans une grande poêle antiadhésive, faire fondre le beurre à feu moyen-vif. Ajouter le poivron et le faire sauter de 5 à 7 minutes ou jusqu'à ce qu'il soit tendre.

Dans un bol, à l'aide d'un fouet, mélanger les œufs, ½ tasse (125 ml) du quinoa réservé, le lait, le piment jalapeño et le sel. Verser la préparation dans la poêle et cuire de 3 à 4 minutes en remuant souvent pour bien mélanger les jaunes et les blancs. Éteindre le feu et diviser les œufs brouillés en deux portions dans la poêle. Parsemer du cheddar et des oignons verts. Laisser fondre le fromage avant de servir.

1 portion

Œufs brouillés légers et moelleux

Le quinoa donne de la légèreté et du moelleux aux œufs brouillés. Pour satisfaire l'appétit matinal, ajoutez-y vos garnitures préférées.

2 c. à soupe (30 ml) de quinoa
¼ tasse (60 ml) d'eau
garnitures (facultatif):
  oignon espagnol, oignon vert, champignons, poivron vert, rouge ou jaune, jambon, saucisse
2 gros œufs
1 c. à soupe (15 ml) de lait
1 pincée de sel
cheddar (facultatif)

Mettre le quinoa dans une petite casserole, ajouter l'eau et porter à ébullition. Réduire à feu doux, couvrir et cuire pendant 10 minutes. Éteindre le feu et laisser reposer pendant 5 minutes sans découvrir la casserole. Détacher les grains de quinoa avec une fourchette. Réserver à découvert.

Graisser légèrement une grande poêle antiadhésive (ou la vaporiser d'huile végétale) et la chauffer à feu moyen-vif. Si désiré, ajouter les garnitures de votre choix (légumes ou viande) et les faire sauter.

Casser les œufs dans un bol, ajouter le lait et mélanger à l'aide d'un fouet. Ajouter le quinoa réservé en fouettant. Verser ce mélange dans la poêle chaude et cuire, en remuant de temps à autre, jusqu'à ce que les jaunes et les blancs soient bien mélangés et que la cuisson soit à votre goût. Assaisonner de sel et parsemer de cheddar, si désiré.

1 portion

Omelette Ranch

2 c. à soupe (30 ml) de quinoa
¼ tasse (60 ml) d'eau
1 ½ c. à thé (7 ml) de beurre
2 asperges coupées en morceaux de 2 po (5 cm)
¼ tasse (60 ml) de champignons de Paris coupés en dés
2 c. à soupe (30 ml) d'oignon vert coupé en tranches fines
2 c. à soupe (30 ml) de tomates cerises coupées en deux
2 gros œufs
1 c. à soupe (15 ml) de lait
2 c. à thé (10 ml) de pesto au basilic
¼ tasse (60 ml) de fromage cottage à 2 %

Mettre le quinoa dans une petite casserole, ajouter l'eau et porter à ébullition. Réduire à feu doux, couvrir et cuire pendant 10 minutes. Éteindre le feu et laisser reposer pendant 5 minutes sans découvrir la casserole. Détacher les grains de quinoa avec une fourchette. Réserver à découvert.

Dans une poêle antiadhésive, faire fondre 1 c. à thé (5 ml) du beurre à feu moyen. Ajouter les asperges et les champignons et les faire sauter pendant 4 minutes. Ajouter l'oignon vert et le faire sauter pendant 3 minutes ou jusqu'à ce que les asperges soient tendres. Mettre les légumes dans un bol, ajouter les tomates cerises et mélanger. Réserver.

Chauffer la poêle à feu moyen et ajouter le reste du beurre. Dans un bol, à l'aide d'un fouet, mélanger les œufs, ¼ tasse (60 ml) du quinoa réservé, le lait et le pesto. Verser ce mélange dans la poêle, couvrir d'un couvercle ou de papier d'aluminium et cuire de 1 ½ à 2 minutes ou jusqu'à ce que le dessus de l'omelette soit ferme. Étendre les légumes réservés sur la moitié de l'omelette, couvrir et poursuivre la cuisson pendant 30 secondes pour les réchauffer. Glisser l'omelette dans une assiette et parsemer les légumes du fromage cottage. Plier l'omelette en deux.

1 portion

Yogourt fouetté aux fraises

1 c. à soupe (15 ml) de farine de quinoa
2 c. à soupe (30 ml) d'eau bouillante
¾ tasse (185 ml) de fraises surgelées
½ tasse (125 ml) de yogourt à la vanille
¼ tasse (60 ml) de lait ou de boisson de soja

Mettre la farine dans un petit bol, ajouter l'eau et mélanger pour former une pâte. Au mélangeur, réduire en purée la pâte de quinoa, les fraises, le yogourt et le lait jusqu'à ce que la préparation soit lisse.

Solution de rechange Si vous n'avez pas de yogourt à la vanille, remplacez-le simplement par la même quantité de yogourt nature ou naturel additionné de ¼ c. à thé (1 ml) de vanille et de 1 c. à thé (5 ml) de miel.

1 portion

Smoothie aux bleuets

1 c. à soupe (15 ml) de farine de quinoa
2 c. à soupe (30 ml) d'eau bouillante
¼ tasse (60 ml) de lait ou de boisson de soja
¼ tasse (60 ml) de yogourt à la vanille
1 tasse (250 ml) de bleuets surgelés

Mettre la farine dans un petit bol, ajouter l'eau et mélanger pour former une pâte. Au mélangeur, réduire en purée la pâte de quinoa, le lait, le yogourt et les bleuets jusqu'à ce que la préparation soit lisse.

1 portion

Smoothie aux fruits tropicaux

Pour préparer cette boisson quand vous en avez envie, gardez des portions individuelles de fruits hachés au congélateur.

- 1 c. à soupe (15 ml) de farine de quinoa
- 2 c. à soupe (30 ml) d'eau bouillante
- ⅔ tasse (160 ml) d'ananas haché
- ¼ tasse (60 ml) de morceaux de banane congelés
- ½ tasse (125 ml) de mangue hachée
- ½ tasse (125 ml) de yogourt à la vanille
- 1 c. à soupe (15 ml) de lait de coco léger (facultatif)

Mettre la farine dans un petit bol, ajouter l'eau et mélanger pour former une pâte. Au mélangeur, réduire en purée la pâte de quinoa, l'ananas, la banane, la mangue et le yogourt avec le lait de coco, si désiré, jusqu'à ce que la préparation soit lisse.

6 à 8 portions

Salade de quinoa aux fruits tropicaux

Cette petite douceur se sert au brunch ou au dessert, et se consomme aussi comme déjeuner à emporter ou en accompagnement d'un sandwich. Pour une touche gourmande, garnissez chaque portion d'une cuillerée de yogourt à la vanille.

- ⅔ tasse (160 ml) de quinoa blanc ou doré
- 1 ⅓ tasse (330 ml) d'eau
- 1 boîte de 14 oz (398 ml) d'ananas en gros ou petits morceaux, le jus réservé
- 2 à 3 kiwis pelés et hachés
- 1 mangue coupée en dés
- yogourt à la vanille

Mettre le quinoa dans une petite casserole, ajouter l'eau et porter à ébullition. Réduire à feu doux, couvrir et cuire pendant 10 minutes. Éteindre le feu et laisser reposer pendant 4 minutes sans découvrir la casserole. Détacher les grains de quinoa avec une fourchette et laisser refroidir à découvert.

Dans un grand bol, mélanger le quinoa refroidi et le jus d'ananas réservé jusqu'à ce que les grains soient bien enrobés de jus. Incorporer les morceaux d'ananas, les kiwis et la mangue en soulevant délicatement la masse. La salade de fruits se conserve jusqu'à 3 jours au réfrigérateur dans un contenant hermétique. Garnir de yogourt au moment de servir.

Donne 30 grosses barres.

Barres aux flocons d'avoine et aux fruits séchés

- ⅓ tasse (80 ml) d'amandes en bâtonnets
- ½ tasse (125 ml) de beurre ramolli
- ½ tasse (125 ml) de cassonade tassée
- 2 c. à soupe (30 ml) de jus d'orange fraîchement pressé
- 1 c. à soupe (15 ml) de zeste d'orange râpé
- 1 c. à thé (5 ml) de vanille
- 2 gros œufs
- ¾ tasse (185 ml) de purée de pommes non sucrée
- ½ tasse (125 ml) de farine de quinoa
- ½ tasse (125 ml) de farine de blé entier
- 1 c. à thé (5 ml) de poudre à pâte
- 1 c. à thé (5 ml) de bicarbonate de sodium
- ¼ c. à thé (1 ml) de sel
- 2 ½ tasses (625 ml) de gros flocons d'avoine
- 1 tasse (250 ml) de flocons de noix de coco non sucrés
- ⅓ tasse (80 ml) d'abricots secs en dés
- ½ tasse (125 ml) de canneberges séchées

Préchauffer le four à 350°F (180°C). Étaler les amandes sur une plaque de cuisson et les faire griller au centre du four de 10 à 15 minutes ou jusqu'à ce qu'elles soient légèrement dorées et qu'elles dégagent leur arôme. Réserver.

Dans un grand bol, défaire le beurre en crème avec la cassonade. Incorporer le jus et le zeste d'orange, la vanille et les œufs. Ajouter la purée de pommes et mélanger. Dans un autre bol, mélanger les farines, la poudre à pâte, le bicarbonate de sodium et le sel. Ajouter les ingrédients secs à la préparation de purée de pommes et bien mélanger. À l'aide d'une cuillère de bois ou avec les mains, incorporer les amandes réservées, les flocons d'avoine, la noix de coco, les abricots et les canneberges jusqu'à ce que la pâte soit homogène. Couvrir et mettre au congélateur pendant 30 minutes.

Avec les mains légèrement huilées, façonner la pâte en barres de 1 po x 2 po (2,5 cm x 5 cm) et les mettre sur une grande plaque de cuisson.

Cuire au centre du four de 12 à 14 minutes ou jusqu'à ce que le pourtour des barres soit légèrement doré. Laisser reposer les barres 5 minutes sur la plaque, puis les déposer sur une grille et les laisser refroidir complètement. Les barres se conservent jusqu'à 2 semaines au réfrigérateur ou jusqu'à 1 mois au congélateur dans un contenant hermétique.

Chapitre 2

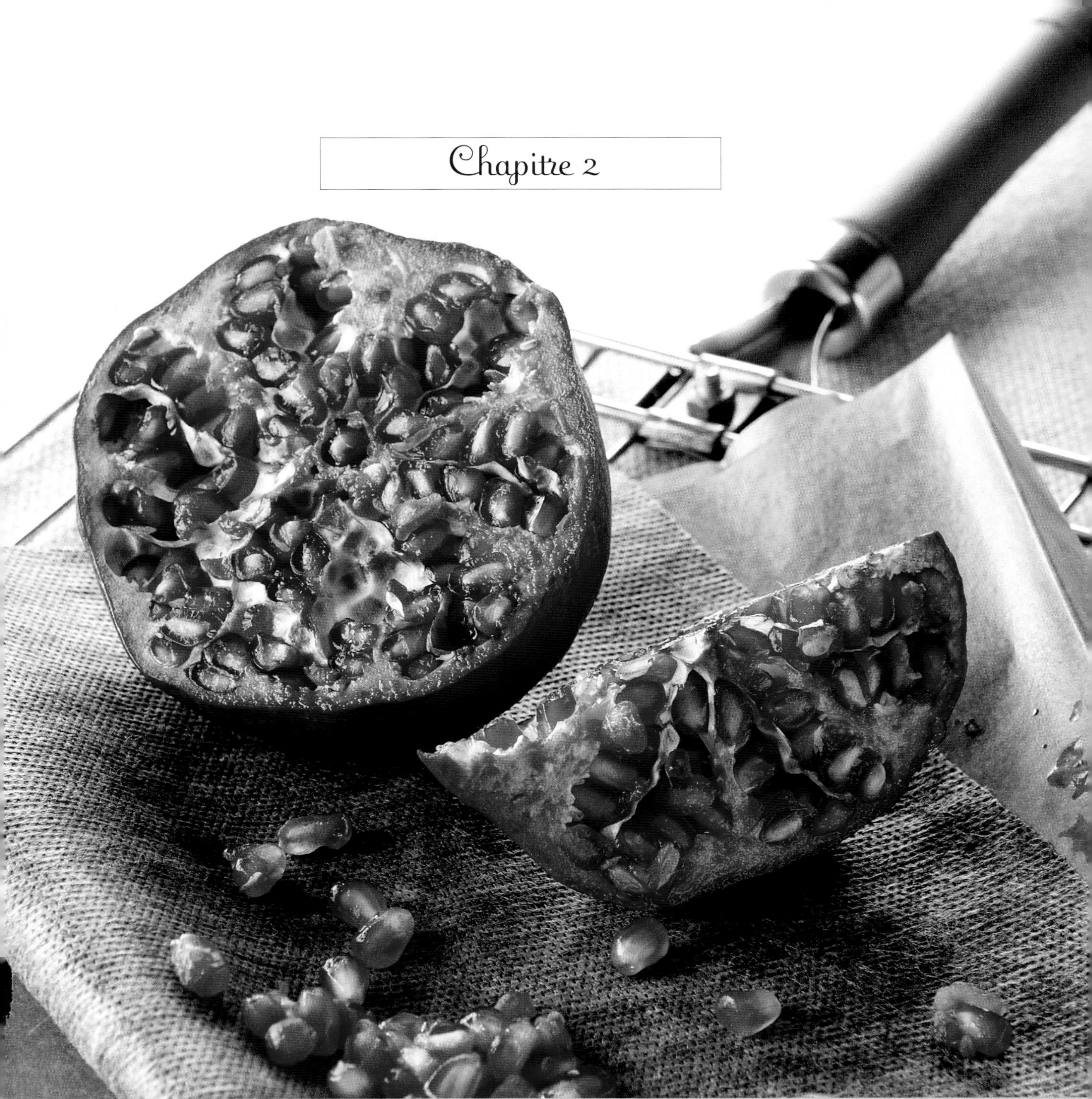

AMUSE-GUEULES, ACCOMPAGNEMENTS, COLLATIONS ET SALADES

Les incontournables

Mettre du quinoa au menu, ce n'est pas vous priver de vos mets préférés ! Nos recettes sont saines mais aussi savoureuses, et vous aurez beaucoup de plaisir à les cuisiner. Essayez-les : vous serez surpris ! Pour commencer un repas sur une note de fraîcheur, servez le taboulé et le hoummos en entrée. Vous pouvez également impressionner vos invités avec des salades originales, des boulettes et même des quesadillas – toutes préparées avec du quinoa pour ses bienfaits nutritionnels.

Donne 2 tasses (500 ml).

Trempette au quinoa et aux haricots noirs

¼ tasse (60 ml) de quinoa
½ tasse (125 ml) d'eau
1 tasse (250 ml) de haricots noirs cuits ou en conserve
8 oz (250 g) de fromage à la crème léger, ramolli
2 c. à soupe (30 ml) de lait
2 c. à soupe (30 ml) de jus de lime fraîchement pressé
3 c. à soupe (45 ml) de coriandre fraîche, hachée
¾ c. à thé (4 ml) de coriandre moulue
¼ c. à thé (1 ml) de cumin moulu
1 pincée de piment de Cayenne (facultatif)
sel et poivre noir au goût
tortillas de maïs ou triangles de pita grillés

Mettre le quinoa dans une petite casserole, ajouter l'eau et porter à ébullition. Réduire à feu doux, couvrir et cuire pendant 10 minutes. Éteindre le feu et laisser reposer pendant 5 minutes sans découvrir la casserole. Détacher les grains de quinoa avec une fourchette. Réserver à découvert.

Au robot culinaire ou au mélangeur, réduire les haricots noirs, le fromage à la crème, le lait et le jus de lime en purée. Mettre la préparation dans un bol de service. Incorporer ½ tasse (125 ml) du quinoa réservé, la coriandre fraîche, la coriandre moulue, le cumin et le piment de Cayenne, si désiré. Saler et poivrer. Servir avec des tortillas de maïs. Le reste de la trempette se conserve jusqu'à 3 jours au réfrigérateur.

Donne 2 tasses (500 ml).

Trempette au quinoa et aux haricots pinto

Rapide à préparer et riche en protéines et en fibres, cette trempette est déjà bien relevée, mais rien ne vous empêche de lui donner encore plus de piquant.

¼ tasse (60 ml) de quinoa
½ tasse (125 ml) d'eau
1 boîte de 14 oz (398 ml) de haricots pinto, égouttés et rincés
⅓ tasse (80 ml) de salsa du commerce, forte ou moyenne
¼ c. à thé (1 ml) de sauce Tabasco
2 c. à soupe (30 ml) de coriandre fraîche, hachée
¼ c. à thé (1 ml) d'assaisonnement au chili
¼ c. à thé (1 ml) de cumin moulu
¼ c. à thé (1 ml) de paprika
1 pincée chacun d'ail en poudre, d'oignon en poudre, de poivre noir et de piment de Cayenne
croustilles de maïs

Mettre le quinoa dans une petite casserole, ajouter l'eau et porter à ébullition. Réduire à feu doux, couvrir et cuire pendant 10 minutes. Éteindre le feu et laisser reposer pendant 5 minutes sans découvrir la casserole. Détacher les grains de quinoa avec une fourchette et laisser refroidir à découvert.

Au robot culinaire ou au mélangeur, réduire ½ tasse (125 ml) du quinoa refroidi en purée lisse avec le reste des ingrédients, sauf les croustilles. Mettre la trempette dans un bol de service. Servir avec des croustilles de maïs. La trempette se conserve jusqu'à 24 heures au réfrigérateur dans un contenant hermétique.

Donne 2 tasses (500 ml).

Guacamole au quinoa

Ce guacamole est épais et lisse, mais si vous l'aimez plus texturé, écrasez légèrement l'avocat avec un pilon à purée ou coupez-le en dés au lieu de le passer au robot.

2 c. à soupe (30 ml) de quinoa
¼ tasse (60 ml) d'eau
1 gros avocat mûr
1 c. à soupe (15 ml) de jus de lime fraîchement pressé
1 c. à soupe (15 ml) d'oignon haché
1 c. à thé (5 ml) de coriandre fraîche, hachée
½ c. à thé (2 ml) d'ail haché finement
¼ c. à thé (1 ml) de sel
nachos ou croustilles de pita

Mettre le quinoa dans une petite casserole, ajouter l'eau et porter à ébullition. Réduire à feu doux, couvrir et cuire pendant 10 minutes. Éteindre le feu et laisser reposer pendant 5 minutes sans découvrir la casserole. Détacher les grains de quinoa avec une fourchette et laisser refroidir à découvert.

Au robot culinaire ou au mélangeur, réduire le quinoa refroidi en purée avec le reste des ingrédients, sauf les nachos. Mettre le guacamole dans un bol de service. Servir avec des nachos. Le guacamole se conserve jusqu'à 2 jours au réfrigérateur. Pour lui garder sa couleur, couvrir directement la surface du guacamole d'une pellicule de plastique avant de le réfrigérer.

Donne 2 ½ tasses (625 ml).

Hoummos au quinoa

Voici une version encore plus santé de cette populaire trempette, qu'on sert ici avec des pointes de pita, des craquelins ou des crudités.

¼ tasse (60 ml) de quinoa
¾ tasse (185 ml) d'eau
1 boîte de 19 oz (540 ml) de pois chiches, égouttés et rincés
¼ tasse (60 ml) de jus de citron fraîchement pressé (1 à 2 citrons)
2 c. à soupe (30 ml) de tahini
1 c. à thé (5 ml) d'ail haché finement
½ c. à thé (2 ml) de cumin moulu
¼ c. à thé (1 ml) de sel
¼ c. à thé (1 ml) de piment de Cayenne (facultatif)
1 c. à thé (5 ml) de persil frais, haché finement (facultatif)
crudités, craquelins ou pointes de pita

Mettre le quinoa dans une petite casserole, ajouter ½ tasse (125 ml) de l'eau et porter à ébullition. Réduire à feu doux, couvrir et cuire pendant 10 minutes. Éteindre le feu et laisser reposer pendant 5 minutes sans découvrir la casserole. Détacher les grains de quinoa avec une fourchette et laisser refroidir à découvert.

Au robot culinaire ou au mélangeur, réduire les pois chiches en purée lisse avec ½ tasse (125 ml) du quinoa refroidi, le reste de l'eau, le jus de citron, le tahini, l'ail, le cumin, le sel et le piment de Cayenne, si désiré. Mettre l'hoummos dans un bol de service et garnir du persil, si désiré. Servir avec des crudités. Le reste de l'hoummos se conserve jusqu'à 2 jours au réfrigérateur.

Donne 5 tasses (1,25 L).

Taboulé au quinoa

Excellente salade, ce taboulé se sert aussi en guise de trempette avec des pointes de pita frais ou des croustilles de pita. La recette donne environ 16 portions si vous la servez comme trempette.

½ tasse (125 ml) de quinoa
1 tasse (250 ml) d'eau
2 tasses (500 ml) de tomates mûres, épépinées et coupées en dés
1 tasse (250 ml) de concombre coupé en dés
1 tasse (250 ml) de persil frais, haché finement
¼ tasse (60 ml) de menthe fraîche, hachée finement
¼ tasse (60 ml) d'oignons verts coupés en tranches fines
⅓ tasse (80 ml) d'huile d'olive
⅓ tasse (80 ml) de jus de citron fraîchement pressé (1 à 2 citrons)
½ c. à thé (2 ml) de sel
½ c. à thé (2 ml) d'ail haché finement
¼ c. à thé (1 ml) de cannelle moulue

Mettre le quinoa dans une casserole, ajouter l'eau et porter à ébullition. Réduire à feu doux, couvrir et cuire pendant 10 minutes. Éteindre le feu et laisser reposer pendant 4 minutes sans découvrir la casserole. Détacher les grains de quinoa avec une fourchette et laisser refroidir à découvert.

Dans un grand bol, mélanger les tomates, le concombre, le persil, la menthe, les oignons verts et le quinoa refroidi. Dans un petit bol, à l'aide d'un fouet, bien mélanger l'huile, le jus de citron, le sel, l'ail et la cannelle. Verser la vinaigrette sur le taboulé et mélanger. Pour un maximum de saveur, laisser reposer la salade pendant 30 minutes à la température ambiante avant de servir. Le reste du taboulé se conserve jusqu'à 3 jours au réfrigérateur.

Donne 2 tasses (500 ml).

Boule de fromage

Le quinoa rouge ou noir permet de composer un amuse-gueule original et sain, qui demande seulement quelques ingrédients et vraiment peu de travail.

- ¼ tasse (60 ml) de quinoa rouge ou noir
- ½ tasse (125 ml) d'eau
- 8 oz (250 g) de fromage à la crème léger, ramolli
- 2 c. à soupe (30 ml) de mayonnaise légère
- 1 ½ c. à thé (7 ml) de jus de citron fraîchement pressé
- 1 ½ tasse (375 ml) de cheddar vieilli réduit en gras, râpé
- ¼ tasse (60 ml) d'oignon râpé
- ½ tasse (125 ml) d'olives vertes hachées
- assortiment de craquelins

Dans une petite casserole, faire griller légèrement le quinoa à feu moyen-vif, en remuant souvent, de 3 à 5 minutes ou jusqu'à ce qu'il dégage légèrement son arôme. Ajouter l'eau et porter à ébullition. Réduire à feu doux, couvrir et cuire pendant 10 minutes. Retirer du feu, égoutter le quinoa au besoin et laisser refroidir à découvert.

Dans un grand bol, mettre le fromage à la crème, la mayonnaise, le jus de citron, le cheddar, l'oignon, les olives et la moitié du quinoa refroidi. Avec les mains, mélanger la préparation et la façonner en une grosse boule.

Rouler la boule de fromage dans le reste du quinoa (si elle est trop molle, la mettre au congélateur de 15 à 20 minutes) et la déposer dans une assiette de service. Servir avec des craquelins. Le reste de la boule de fromage se conserve jusqu'à 3 jours au réfrigérateur.

Variante Remplacez les olives vertes par ¼ tasse (60 ml) de câpres et ¼ tasse (60 ml) de noix de Grenoble grillées.

Donne 3 tasses (750 ml).

Donne 20 champignons.

Sauce au fromage facile

Meilleure pour la santé sans les épaississants que sont la farine de blé, le beurre ou les autres matières grasses utilisées dans un roux traditionnel, cette sauce au fromage est exempte de gluten, rapide à préparer et inratable. Elle deviendra vite votre préférée, et vous voudrez l'utiliser partout: sur vos pâtes et vos légumes vapeur, ou dans vos plats au four.

2 tasses (500 ml) de lait
1/3 tasse (80 ml) de farine de quinoa
1/2 c. à thé (2 ml) de sel
1/2 c. à thé (2 ml) de moutarde de Dijon (ou 1/4 c. à thé/1 ml de moutarde en poudre)
1/4 c. à thé (1 ml) de poivre noir
1 1/2 tasse (375 ml) de cheddar vieilli, râpé

Dans une casserole, à l'aide d'un fouet, mélanger le lait, la farine, le sel, la moutarde et le poivre. Cuire à feu moyen, en fouettant souvent, de 5 à 7 minutes ou jusqu'à ce que la sauce ait épaissi et nappe le dos d'une cuillère. Retirer du feu. À l'aide du fouet, incorporer le cheddar.

Champignons farcis

Cette version est moins riche en matières grasses que la recette originale. Elle sera aussi appétissante préparée avec du quinoa rouge ou noir.

3 c. à soupe (45 ml) de quinoa
6 c. à soupe (90 ml) d'eau
20 champignons de Paris
1/4 tasse (60 ml) de beurre
1/4 tasse (60 ml) d'oignon haché finement
1/4 tasse (60 ml) de pistaches hachées finement
3 c. à soupe (45 ml) de persil frais, haché finement
1/4 c. à thé (1 ml) d'origan séché
1/4 tasse (60 ml) de parmesan fraîchement râpé

Préchauffer le four à 400°F (200°C). Mettre le quinoa dans une petite casserole, ajouter l'eau et porter à ébullition. Réduire à feu doux, couvrir et cuire pendant 10 minutes. Éteindre le feu et laisser reposer pendant 4 minutes sans découvrir la casserole. Détacher les grains de quinoa avec une fourchette et laisser refroidir.

Entre-temps, détacher les pieds des champignons et les hacher finement. Dans une autre casserole, faire fondre le beurre à feu moyen-doux. Ajouter les pieds des champignons et l'oignon et les faire sauter de 3 à 4 minutes. Retirer du feu et laisser refroidir.

Ajouter le quinoa refroidi, les pistaches, le persil et l'origan à la préparation de champignons et mélanger.Farcir les chapeaux des champignons de la garniture au quinoa et les déposer sur une plaque de cuisson. Cuire au four pendant 12 minutes ou jusqu'à ce que les champignons soient tendres. Parsemer du parmesan. Servir chaud.

Donne 50 boulettes.

Boulettes Santa Fe

Pour un plat sans gluten, assurez-vous d'utiliser du bacon certifié sans gluten.

¼ tasse (60 ml) de quinoa
½ tasse (125 ml) d'eau
1 lb (500 g) de bœuf haché maigre ou de dindon haché
6 tranches de bacon haché finement, cuit
½ tasse (125 ml) d'oignon haché finement
¼ tasse (60 ml) de coriandre fraîche (ou de persil italien ou frisé), hachée
2 gros œufs
1 c. à soupe (15 ml) d'ail haché finement
2 c. à thé (10 ml) de piment jalapeño mariné, haché finement
1 c. à thé (5 ml) de cumin moulu
½ c. à thé (2 ml) de sel
le jus de 1 lime

Mettre le quinoa dans une petite casserole, ajouter l'eau et porter à ébullition. Réduire à feu doux, couvrir et cuire pendant 10 minutes. Éteindre le feu et laisser reposer pendant 5 minutes sans découvrir la casserole. Détacher les grains de quinoa avec une fourchette.

Préchauffer le four à 400°F (200°C). Dans un bol, bien mélanger le bœuf haché, ½ tasse (125 ml) du quinoa cuit, le bacon, l'oignon, la coriandre, les œufs, l'ail, le piment jalapeño, le cumin et le sel. Façonner la préparation en boulettes de 1 po (2,5 cm) et les déposer sur une grande plaque de cuisson antiadhésive ou tapissée de papier-parchemin. Cuire au four de 7 à 8 minutes. Retourner les boulettes et poursuivre la cuisson de 7 à 8 minutes ou jusqu'à ce qu'elles aient perdu leur teinte rosée à l'intérieur. Arroser les boulettes du jus de lime.

4 à 6 portions

Quesadillas aux haricots noirs

Ces quesadillas se servent en plat principal, en accompagnement ou en hors-d'œuvre. Si vous aimez les garnitures plus consistantes, ajoutez des lanières de poulet grillé ou de rosbif. Pour une version sans gluten, il faut utiliser des tortillas de riz brun.

- ¼ tasse (60 ml) de quinoa
- ½ tasse (125 ml) d'eau
- ½ tasse (125 ml) de haricots noirs cuits ou en conserve
- ¼ tasse (60 ml) de tomates coupées en petits dés
- ¼ tasse (60 ml) de maïs en grains
- ¼ tasse (60 ml) d'oignons verts coupés en tranches fines
- 1 c. à soupe (15 ml) de coriandre fraîche, hachée finement
- 8 tortillas de blé entier ou de riz brun de 8 po (20 cm)
- ¾ tasse (185 ml) de cheddar vieilli, râpé
- guacamole, salsa et crème sure

Mettre le quinoa dans une petite casserole, ajouter l'eau et porter à ébullition. Réduire à feu doux, couvrir et cuire pendant 10 minutes. Éteindre le feu et laisser reposer pendant 5 minutes sans découvrir la casserole. Détacher les grains de quinoa avec une fourchette.

Préchauffer le four à 375°F (190°C). Dans un bol, mélanger ½ tasse (125 ml) du quinoa cuit et les haricots noirs. À l'aide d'un pilon à purée, écraser légèrement la préparation pour bien la lier. Ajouter les tomates, le maïs, les oignons verts et la coriandre et bien mélanger.

Déposer quatre tortillas sur une grande plaque de cuisson ou sur deux petites. Étendre la garniture aux haricots noirs sur les tortillas, parsemer du cheddar et couvrir du reste des tortillas.

Cuire au centre du four pendant 12 minutes ou jusqu'à ce que le fromage soit fondu et que la garniture soit chaude (le pourtour des tortillas devrait être légèrement doré). Couper en triangles. Servir avec du guacamole, de la salsa et de la crème sure.

4 à 6 portions

Casserole de chou-fleur et de brocoli aux amandes grillées

3 tasses (750 ml) de chou-fleur défait en bouquets
3 tasses (750 ml) de brocoli défait en bouquets
2 tasses (500 ml) de lait
¼ tasse (60 ml) de farine de quinoa
1 c. à thé (5 ml) de moutarde
½ c. à thé (2 ml) d'ail haché finement
½ c. à thé (2 ml) de sel
¼ c. à thé (1 ml) de poivre noir
1 pincée de muscade moulue
1 tasse (250 ml) de cheddar vieilli, râpé
1 tasse (250 ml) d'amandes en tranches

Positionner les grilles du four de façon à pouvoir les utiliser simultanément. Préchauffer le four à 350°F (180°C). Graisser un plat de cuisson de 9 po x 13 po (23 cm x 33 cm) ou le vaporiser d'huile végétale.

Dans une grande casserole, cuire le chou-fleur à la vapeur avec le brocoli jusqu'à ce qu'ils soient encore légèrement croquants. Les disposer dans le fond du plat.

Dans une autre casserole, à l'aide d'un fouet, mélanger le lait, la farine, la moutarde, l'ail, le sel, le poivre et la muscade. Laisser mijoter à feu doux en fouettant jusqu'à ce que la préparation soit homogène. Lorsqu'elle commence à épaissir, ajouter le cheddar. Poursuivre la cuisson en fouettant jusqu'à ce que le fromage soit fondu, que la sauce soit lisse et qu'elle nappe le dos d'une cuillère. Verser la sauce sur les légumes. Cuire au four, à découvert, pendant 20 minutes ou jusqu'à ce que la préparation soit bouillonnante.

Après 13 minutes de cuisson, étaler les amandes sur une petite plaque de cuisson et la déposer sur la grille inférieure du four, sous le plat de légumes. Cuire pendant 7 minutes ou jusqu'à ce que les amandes soient légèrement dorées et qu'elles dégagent leur arôme. Servir la casserole de légumes parsemée des amandes grillées.

4 à 6 portions

Quinoa aux champignons et au parmesan

- 1 c. à soupe (15 ml) de beurre ou d'huile végétale
- ⅓ tasse (80 ml) d'oignons verts coupés en tranches
- ½ c. à thé (2 ml) d'ail haché finement
- ¾ tasse (185 ml) de quinoa rouge
- 1 ¾ tasse (435 ml) de bouillon de légumes
- 1 tasse (250 ml) de champignons de Paris coupés en quatre
- 1 tasse (250 ml) de champignons café coupés en quatre
- 1 pincée de poivre noir
- 2 c. à soupe (30 ml) de persil frais, haché finement
- ⅔ tasse (160 ml) de parmesan fraîchement râpé

Dans une grande casserole, faire fondre le beurre à feu doux. Ajouter les oignons verts et l'ail et cuire pendant 5 minutes en remuant souvent. Ajouter le quinoa et remuer pour bien l'enrober de beurre.

Verser le bouillon et porter à ébullition. Réduire le feu et laisser mijoter à découvert, en remuant souvent, pendant 20 minutes ou jusqu'à ce que le bouillon ait été presque entièrement absorbé.

Ajouter les champignons et poursuivre la cuisson, en remuant souvent, pendant 15 minutes ou jusqu'à ce que tout le liquide ait été absorbé. Parsemer du poivre, puis incorporer le persil et le parmesan.

Solution de rechange Si vous ne trouvez pas de champignons café, utilisez 2 tasses (500 ml) de champignons de Paris.

4 à 6 portions

Quisotto aux champignons et au brocoli

Cet accompagnement express inspiré du risotto traditionnel est sain et savoureux. Si vous préférez, remplacez le brocoli par des asperges.

2 c. à soupe (30 ml) de beurre
2 tasses (500 ml) de brocoli coupé en morceaux de 2 po (5 cm)
2 tasses (500 ml) de champignons de Paris hachés
½ tasse (125 ml) d'oignon blanc coupé en dés
1 c. à soupe (15 ml) d'ail haché finement
1 tasse (250 ml) de quinoa
2 tasses (500 ml) de bouillon de légumes ou de poulet
1 pincée de muscade moulue
¼ tasse (60 ml) de persil frais, haché
⅓ tasse (80 ml) de parmesan fraîchement râpé
sel et poivre au goût

Dans une grande casserole, faire fondre le beurre à feu moyen. Ajouter le brocoli, les champignons, l'oignon et l'ail et les faire sauter, en remuant souvent, pendant 10 minutes ou jusqu'à ce qu'ils soient tendres. Réserver.

Dans une autre casserole, mélanger le quinoa, le bouillon et la muscade et porter à ébullition. Réduire à feu doux, couvrir et cuire pendant 10 minutes ou jusqu'à ce que le quinoa soit très tendre. Éteindre le feu et laisser reposer pendant 6 minutes sans découvrir la casserole.

Ajouter le quinoa au mélange de légumes réservé, puis incorporer délicatement le persil et le parmesan. Saler et poivrer.

4 à 6 portions

Farce aux champignons et au bacon

Cette farce santé peut remplacer toutes vos recettes de farce des fêtes ou servir d'accompagnement à des plats de volaille. Pour une version sans gluten, assurez-vous d'utiliser du bacon certifié sans gluten.

2 c. à soupe (30 ml) de beurre
1 tasse (250 ml) d'oignons coupés en dés
1 tasse (250 ml) de céleri coupé en dés
1 tasse (250 ml) de champignons de Paris hachés
¾ tasse (185 ml) de quinoa
1 ½ tasse (375 ml) de bouillon de poulet
1 feuille de laurier
1 c. à thé (5 ml) d'assaisonnement pour volaille
¼ c. à thé (1 ml) de marjolaine séchée
1 c. à soupe (15 ml) de persil frais, haché
¼ tasse (60 ml) de bacon cuit, émietté (facultatif)
sel et poivre au goût

Dans une casserole, faire fondre le beurre à feu moyen. Ajouter les oignons, le céleri et les champignons et les faire sauter pendant 7 minutes ou jusqu'à ce qu'ils soient tendres. Ajouter le quinoa, le bouillon, la feuille de laurier, l'assaisonnement pour volaille et la marjolaine et mélanger. Réduire à feu doux, couvrir et cuire pendant 10 minutes. Éteindre le feu et laisser reposer pendant 7 minutes sans découvrir la casserole. Ajouter le persil et le bacon, si désiré, et mélanger. Saler et poivrer.

4 à 6 portions

Salade de pousses de quinoa à l'asiatique

Composée de beaux légumes et de succulentes petites pousses, cette salade se conserve jusqu'à 4 jours au réfrigérateur dans un contenant hermétique. Ajouter les amandes au moment de servir seulement.

- ¼ tasse (60 ml) d'amandes en bâtonnets
- 1 tasse (250 ml) de pousses de quinoa (voir p. 56)
- 1 tasse (250 ml) de chou violet ou de chou rouge coupé en tranches fines, puis en lanières de 1 po (2,5 cm)
- 1 tasse (250 ml) de carottes râpées
- 1 tasse (250 ml) de poivron rouge coupé en dés (environ 1 poivron)
- 1 tasse (250 ml) de pois sugar snap parés et coupés en deux
- ¼ tasse (60 ml) d'oignons verts coupés en tranches
- 2 c. à soupe (30 ml) d'huile de sésame
- 2 c. à soupe (30 ml) de vinaigre de riz
- 2 c. à soupe (30 ml) de sauce soja (ou de sauce tamari sans gluten)
- 2 c. à soupe (30 ml) de miel

Préchauffer le four à 350°F (180°C). Étaler les amandes sur une plaque de cuisson et cuire au centre du four de 5 à 7 minutes ou jusqu'à ce qu'elles soient légèrement dorées. Réserver.

Dans un saladier, mélanger les pousses de quinoa, le chou, les carottes, le poivron, les pois et les oignons verts. Dans un petit bol, à l'aide d'un fouet, mélanger l'huile, le vinaigre, la sauce soja et le miel. Verser la vinaigrette sur les légumes, ajouter les amandes grillées réservées et mélanger délicatement.

4 à 6 portions

Salade de concombre à la menthe

Cette salade bien croquante, parfumée à la menthe, accompagne à merveille un repas estival.

- ¾ tasse (185 ml) de quinoa
- 1 ½ tasse (375 ml) d'eau
- 1 concombre anglais épépiné et coupé en dés
- ½ tasse (125 ml) d'oignon rouge haché finement
- ¼ tasse (60 ml) de persil frais, haché
- ¼ tasse (60 ml) de menthe fraîche, hachée
- 1 c. à thé (5 ml) d'ail haché finement
- 3 c. à soupe (45 ml) de jus de citron fraîchement pressé
- ¼ tasse (60 ml) d'huile d'olive
- 1 c. à soupe (15 ml) de vinaigre de cidre
- ¼ c. à thé (1 ml) de sel
- 1 pincée de poivre noir

Mettre le quinoa dans une petite casserole, ajouter l'eau et porter à ébullition. Réduire à feu doux, couvrir et cuire pendant 10 minutes. Éteindre le feu et laisser reposer pendant 4 minutes sans découvrir la casserole. Détacher les grains de quinoa avec une fourchette et laisser refroidir à découvert.

Dans un saladier, mélanger le quinoa refroidi, le concombre, l'oignon, le persil et la menthe. Dans un petit bol, à l'aide d'un fouet, mélanger l'ail, le jus de citron, l'huile, le vinaigre, le sel et le poivre. Verser la vinaigrette sur la salade et mélanger pour bien enrober les ingrédients.

4 à 6 portions

Salade de mini-bocconcini à l'origan

- ¾ tasse (185 ml) de quinoa
- 1 ½ tasse (375 ml) d'eau
- 1 tasse (250 ml) de courgette coupée en dés
- 1 tasse (250 ml) de tomates cerises coupées en deux
- ½ tasse (125 ml) d'oignon rouge coupé en dés
- ½ tasse (125 ml) de petits pois surgelés, décongelés
- 1 tasse (250 ml) de poivron rouge coupé en dés (environ 1 poivron)
- ½ tasse (125 ml) de poivron jaune coupé en dés
- 3 c. à soupe (45 ml) de vinaigre balsamique
- 2 c. à soupe (30 ml) d'huile d'olive
- 1 c. à soupe (15 ml) de moutarde de Dijon
- 2 c. à soupe (30 ml) d'origan frais, haché finement (ou 2 c. à thé/10 ml d'origan séché)
- 1 c. à thé (5 ml) d'ail haché finement
- 1 pincée de sel
- 1 pincée de poivre noir
- 1 tasse (250 ml) de mini-bocconcini coupés en deux

Mettre le quinoa dans une casserole, ajouter l'eau et porter à ébullition. Réduire à feu doux, couvrir et cuire pendant 10 minutes. Éteindre le feu et laisser reposer pendant 4 minutes sans découvrir la casserole. Détacher les grains de quinoa avec une fourchette et laisser refroidir complètement à découvert. Réserver.

Dans un saladier, mélanger la courgette, les tomates cerises, l'oignon, les petits pois et les poivrons. Dans un petit bol, à l'aide d'un fouet, mélanger le vinaigre, l'huile, la moutarde, l'origan, l'ail, le sel et le poivre. Verser la vinaigrette sur les légumes et mélanger pour bien les enrober. Ajouter le quinoa réservé et les mini-bocconcini et bien mélanger. La salade se conserve jusqu'à 3 jours au réfrigérateur.

4 à 6 portions

Salade de concombre aux amandes grillées et à l'aneth

Les amandes et le quinoa grillés se marient parfaitement au concombre, aux oignons verts et à l'aneth dans cette salade rafraîchissante. Un petit truc: pour faire griller le quinoa plus rapidement, utilisez une casserole à fond large.

½ tasse (125 ml) d'amandes en tranches
1 tasse (250 ml) de quinoa
2 tasses (500 ml) de bouillon de légumes ou de poulet
3 c. à soupe (45 ml) d'huile d'olive
3 c. à soupe (45 ml) de vinaigre de vin blanc ou de vinaigre de riz
½ c. à thé (2 ml) de sel
2 tasses (500 ml) de concombre anglais haché
½ tasse (125 ml) d'oignons verts coupés en tranches
¼ tasse (60 ml) d'aneth frais, haché

Préchauffer le four à 350°F (180°C). Étaler les amandes sur une plaque de cuisson et cuire au centre du four de 5 à 7 minutes ou jusqu'à ce qu'elles soient légèrement dorées et qu'elles dégagent leur arôme. Réserver.

Dans une grande casserole, faire griller le quinoa à feu moyen, en secouant la casserole de temps à autre pour qu'il grille uniformément, de 3 à 5 minutes ou jusqu'à ce qu'il dégage son arôme (ne pas laisser dorer). Ajouter le bouillon et porter à ébullition. Réduire à feu doux, couvrir et laisser mijoter pendant 10 minutes. Éteindre le feu et laisser reposer pendant 4 minutes sans découvrir la casserole. Détacher les grains de quinoa avec une fourchette. Mettre le quinoa dans un grand bol et laisser refroidir complètement.

Dans un petit bol, à l'aide d'un fouet, mélanger l'huile, le vinaigre et le sel. Verser la vinaigrette sur le quinoa refroidi et bien mélanger. Ajouter le concombre, les oignons verts et l'aneth et mélanger pour bien les enrober. Au moment de servir, parsemer la salade des amandes grillées réservées. La salade se conserve jusqu'à 3 jours au réfrigérateur dans un contenant hermétique.

4 portions

Salade de pommes de terre à l'aneth

Si vous avez un faible pour les sauces à salade crémeuses et que les calories ne vous gênent pas, remplacez le yogourt par de la mayonnaise.

- 4 grosses pommes de terre, pelées et coupées en dés
- ½ tasse (125 ml) de yogourt nature à 10 %
- 1 ½ c. à thé (7 ml) de jus de citron fraîchement pressé
- 2 c. à soupe (30 ml) d'aneth frais, haché
- 1 oignon vert coupé en tranches fines
- ¾ tasse (185 ml) de pousses de quinoa (voir p. 56)
- brins d'aneth frais (facultatif)

Dans une casserole d'eau bouillante, cuire les pommes de terre de 10 à 12 minutes ou jusqu'à ce qu'elles soient tendres. Les égoutter, les remettre dans la casserole et les laisser refroidir.

Dans un saladier, mélanger le yogourt, le jus de citron, l'aneth et l'oignon vert. Incorporer les pousses de quinoa et les pommes de terre refroidies en soulevant délicatement la masse. Couvrir et réfrigérer environ 1 heure. Garnir de brins d'aneth, si désiré. La salade se conserve jusqu'à 3 jours au réfrigérateur dans un contenant hermétique.

4 à 6 portions

Salade de lentilles et de quinoa aux mandarines et aux amandes

Cette salade va de pair avec les plats de porc et de poulet. Elle s'emporte aussi très bien en lunch.

- 1 ¾ tasse (435 ml) d'eau
- ½ tasse (125 ml) de lentilles brunes
- ½ tasse (125 ml) de quinoa
- ¼ tasse (60 ml) d'huile de canola
- 4 c. à thé (20 ml) de vinaigre de cidre
- 1 c. à soupe (15 ml) de jus de lime fraîchement pressé
- 1 boîte de 10 oz (284 ml) de segments de mandarines, le jus réservé
- ¼ c. à thé (1 ml) de sel
- ½ tasse (125 ml) d'amandes en bâtonnets
- ½ tasse (125 ml) de canneberges séchées
- 3 c. à soupe (45 ml) de persil frais, haché finement

Verser l'eau dans une grande casserole et porter à ébullition à feu vif. Rincer les lentilles à l'eau froide et les mettre dans la casserole. Réduire à feu doux, couvrir et cuire pendant 18 minutes. Ajouter le quinoa et porter de nouveau à ébullition. Réduire à feu doux, couvrir et poursuivre la cuisson pendant 10 minutes. Éteindre le feu et laisser reposer pendant 4 minutes sans découvrir la casserole. Égoutter au besoin, détacher les grains de quinoa avec une fourchette et laisser refroidir à découvert.

Dans un saladier, à l'aide d'un fouet, mélanger l'huile, le vinaigre, le jus de lime, 3 c. à soupe (45 ml) du jus des mandarines réservé et le sel. Ajouter la préparation de quinoa refroidie et mélanger. Incorporer délicatement les amandes, les canneberges et le persil, puis les mandarines.

4 à 6 portions

Salade d'épinards au fromage feta et à la grenade

Préparée avec du quinoa noir, cette salade est vraiment appétissante, mais vous pouvez bien sûr le remplacer par du quinoa rouge ou blanc. La recette donne quatre portions en plat principal léger ou six en accompagnement.

¼ tasse (60 ml) de quinoa noir
½ tasse (125 ml) d'eau
½ tasse (125 ml) d'amandes en tranches
4 tasses (1 L) de petites feuilles d'épinards
¾ tasse (185 ml) de fromage feta léger, émietté
¼ tasse (60 ml) d'oignon rouge coupé en tranches
les graines de 1 grenade
3 c. à soupe (45 ml) de vinaigre de vin rouge
3 c. à soupe (45 ml) d'huile d'olive
4 c. à thé (20 ml) de miel
1 c. à thé (5 ml) de moutarde de Dijon
sel et poivre au goût

Mettre le quinoa dans une petite casserole, ajouter l'eau et porter à ébullition. Réduire à feu doux, couvrir et cuire pendant 10 minutes. Éteindre le feu et laisser reposer pendant 4 minutes sans découvrir la casserole. Détacher les grains de quinoa avec une fourchette et laisser refroidir à découvert.

Préchauffer le four à 350°F (180°C). Étaler les amandes sur une plaque de cuisson et cuire au centre du four de 5 à 7 minutes ou jusqu'à ce qu'elles soient légèrement dorées et qu'elles dégagent leur arôme.

Répartir les épinards dans des assiettes. Parsemer chaque portion du fromage feta, de l'oignon, du quinoa refroidi, des graines de grenade et des amandes grillées. Dans un petit bol, à l'aide d'un fouet, mélanger le vinaigre, l'huile, le miel et la moutarde. Saler et poivrer. Arroser les portions de salade de la vinaigrette.

4 à 6 portions

Salade de pois chiches et de haricots aux légumes

½ tasse (125 ml) de quinoa
1 tasse (250 ml) d'eau
1 boîte de 19 oz (540 ml) de pois chiches, égouttés et rincés
1 boîte de 14 oz (398 ml) de haricots rouges, égouttés et rincés
1 tasse (250 ml) de poivron vert coupé en tranches
1 tasse (250 ml) de céleri coupé en dés
¾ tasse (185 ml) d'oignon rouge haché
½ tasse (125 ml) de vinaigre de cidre
¼ tasse (60 ml) d'huile d'olive
2 c. à thé (10 ml) d'ail haché finement
2 c. à thé (10 ml) d'origan séché
½ c. à thé (2 ml) de poivre noir

Mettre le quinoa dans une casserole, ajouter l'eau et porter à ébullition. Réduire à feu doux, couvrir et cuire pendant 10 minutes. Éteindre le feu et laisser reposer pendant 4 minutes sans découvrir la casserole. Détacher les grains de quinoa avec une fourchette et laisser refroidir à découvert.

Dans un saladier, mélanger le quinoa refroidi, les pois chiches, les haricots, le poivron, le céleri et l'oignon. Dans un petit bol, à l'aide d'un fouet, bien mélanger le vinaigre, l'huile, l'ail, l'origan et le poivre. Verser la vinaigrette sur la salade et bien mélanger.

Variante Remplacez le quinoa cuit par 1 ½ tasse (375 ml) de pousses de quinoa (voir p. 56).

6 à 8 portions

Salade de pois chiches aux canneberges et aux noix de Grenoble

Complément parfait d'une grande variété de plats, en particulier des grillades estivales, cette salade s'emporte aussi très bien en lunch. Les pois chiches sont riches en protéines; ils contiennent aussi des fibres et contribueraient à réduire le cholestérol et à régulariser le taux de sucre dans le sang.

2 tasses (500 ml) de bouillon de légumes
1 tasse (250 ml) de quinoa
1 boîte de 19 oz (540 ml) de pois chiches, égouttés et rincés
1 tasse (250 ml) de poivron rouge coupé en dés (environ 1 poivron)
⅓ tasse (80 ml) de canneberges séchées
⅓ tasse (80 ml) de noix de Grenoble hachées
3 c. à soupe (45 ml) de persil frais, haché

Verser le bouillon dans une casserole, ajouter le quinoa et porter à ébullition à feu vif. Réduire à feu doux, couvrir et cuire pendant 10 minutes. Éteindre le feu et laisser reposer pendant 4 minutes sans découvrir la casserole. Détacher les grains de quinoa avec une fourchette et laisser refroidir à découvert.

Mettre le quinoa refroidi dans un grand bol. Ajouter les pois chiches, le poivron, les canneberges, les noix de Grenoble et le persil et mélanger. Réfrigérer avant de servir. La salade se conserve jusqu'à 5 jours au réfrigérateur dans un contenant hermétique.

4 à 6 portions

Salade de pois chiches aux pimentos

- ½ tasse (125 ml) de quinoa
- 1 tasse (250 ml) d'eau
- 2 boîtes de 19 oz (540 ml) de pois chiches, égouttés et rincés
- ⅓ tasse (80 ml) de persil frais, haché finement
- 1 pot de 2 oz (57 ml) de pimentos ou de poivrons rouges grillés, égouttés
- 3 c. à soupe (45 ml) de câpres égouttées
- 2 c. à soupe (30 ml) d'oignons verts coupés en tranches
- 2 c. à soupe (30 ml) d'huile d'olive
- 2 c. à soupe (30 ml) de jus de citron fraîchement pressé
- 2 c. à thé (10 ml) de moutarde de Dijon
- ½ c. à thé (2 ml) d'ail haché finement
- 1 pincée de piment de Cayenne

Mettre le quinoa dans une petite casserole, ajouter l'eau et porter à ébullition. Réduire à feu doux, couvrir et cuire pendant 10 minutes. Éteindre le feu et laisser reposer pendant 4 minutes sans découvrir la casserole. Détacher les grains de quinoa avec une fourchette et laisser refroidir à découvert.

Dans un saladier, mélanger les pois chiches, le persil, les pimentos, les câpres, les oignons verts et le quinoa refroidi. Dans un petit bol, à l'aide d'un fouet, bien mélanger l'huile, le jus de citron, la moutarde, l'ail et le piment de Cayenne. Verser la vinaigrette sur la salade et bien mélanger. Pour un maximum de saveur, laisser reposer la salade à la température ambiante pendant 30 minutes avant de servir.

4 à 6 portions

Salade de haricots noirs au maïs et à la coriandre

1 tasse (250 ml) de quinoa
2 tasses (500 ml) d'eau
⅓ tasse (80 ml) d'huile d'olive
⅓ tasse (80 ml) de jus de lime fraîchement pressé (2 à 3 limes)
4 c. à thé (20 ml) de vinaigre de cidre
2 ½ c. à thé (12 ml) de cumin moulu
1 c. à thé (5 ml) de piment jalapeño, haché finement (facultatif)
1 ¼ tasse (310 ml) de maïs en grains surgelé, décongelé
1 tasse (250 ml) de poivron rouge coupé en dés (environ 1 poivron)
1 boîte de 14 oz (398 ml) de haricots noirs, égouttés et rincés
⅓ tasse (80 ml) de coriandre fraîche, hachée
¼ c. à thé (1 ml) de sel

Mettre le quinoa dans une casserole, ajouter l'eau et porter à ébullition. Réduire à feu doux, couvrir et cuire pendant 10 minutes. Éteindre le feu et laisser reposer pendant 4 minutes sans découvrir la casserole. Détacher les grains de quinoa avec une fourchette et laisser refroidir à découvert.

Mettre le quinoa refroidi dans un grand bol. Dans un petit bol, à l'aide d'un fouet, mélanger l'huile, le jus de lime, le vinaigre, le cumin et le piment jalapeño, si désiré. Verser la vinaigrette sur le quinoa. Ajouter le maïs, le poivron, les haricots noirs, la coriandre et le sel et mélanger pour bien enrober les ingrédients. La salade se conserve jusqu'à 3 jours au réfrigérateur dans un contenant hermétique.

4 à 6 portions

Salade de courgettes et de poivrons

¾ tasse (185 ml) de quinoa
1 ½ tasse (375 ml) d'eau
2 tasses (500 ml) de courgettes en dés
1 tasse (250 ml) de poivron rouge en dés
1 tasse (250 ml) de poivron jaune en dés
⅓ tasse (80 ml) de graines de tournesol non salées, rôties
⅓ tasse (80 ml) de raisins de Corinthe
2 c. à soupe (30 ml) de persil frais, haché
2 c. à soupe (30 ml) de coriandre fraîche, hachée
⅓ tasse (80 ml) de jus de citron fraîchement pressé (1 à 2 citrons)
¼ tasse (60 ml) d'huile d'olive
1 c. à thé (5 ml) d'ail haché finement
½ c. à thé (2 ml) de sel
1 pincée chacun de piment de Cayenne, de cumin moulu et de curcuma moulu

Mettre le quinoa dans une petite casserole, ajouter l'eau et porter à ébullition. Réduire à feu doux, couvrir et cuire pendant 10 minutes. Éteindre le feu et laisser reposer pendant 4 minutes sans découvrir la casserole. Détacher les grains de quinoa avec une fourchette et laisser refroidir à découvert.

Dans un saladier, mélanger les courgettes, les poivrons, les graines de tournesol, les raisins, le persil et la coriandre. Ajouter le quinoa refroidi. Dans un petit bol, fouetter le jus de citron, l'huile, l'ail, le sel, le piment de Cayenne, le cumin et le curcuma. Verser la vinaigrette sur la salade et mélanger.

4 à 6 portions

Salade de simili-crabe

Cette excellente salade-repas, qui plaira à tous les adeptes de sushi, peut aussi se proposer en entrée.

¾ tasse (185 ml) de quinoa
1 ½ tasse (375 ml) d'eau
1 c. à soupe (15 ml) de sauce de poisson
1 c. à soupe (15 ml) de sauce soja
1 c. à soupe (15 ml) de sucre blanc ou de sucre de canne
½ c. à thé (2 ml) de flocons de piment fort
¼ c. à thé (1 ml) de piment de Cayenne
½ c. à thé (2 ml) d'ail haché finement
1 ½ tasse (375 ml) de simili-crabe coupé en morceaux de 1 po (2,5 cm)
1 tasse (250 ml) de concombre anglais non pelé, épépiné et coupé en dés
5 oignons verts hachés
1 c. à thé (5 ml) de gingembre mariné, haché
1 c. à thé (5 ml) de graines de sésame noires (facultatif)

Mettre le quinoa dans une casserole, ajouter l'eau et porter à ébullition. Réduire à feu doux, couvrir et cuire pendant 10 minutes. Éteindre le feu et laisser reposer pendant 4 minutes sans découvrir la casserole. Détacher les grains de quinoa avec une fourchette et laisser refroidir.

Dans un saladier, à l'aide d'un fouet, mélanger la sauce de poisson, la sauce soja, le sucre, les flocons de piment fort, le piment de Cayenne et l'ail. Ajouter le quinoa refroidi, le simili-crabe, le concombre, les oignons verts et le gingembre et mélanger. Parsemer des graines de sésame, si désiré.

4 à 6 portions

Salade de tomates et de quinoa à la menthe

½ tasse (125 ml) de quinoa
1 tasse (250 ml) d'eau
¼ tasse (60 ml) de jus de citron fraîchement pressé (1 à 2 citrons)
2 c. à soupe (30 ml) de pâte de tomates
2 c. à soupe (30 ml) d'huile d'olive
1 c. à thé (5 ml) de piment jalapeño mariné, haché finement
¼ c. à thé (1 ml) d'assaisonnement au chili
¼ c. à thé (1 ml) de sel
2 tasses (500 ml) de tomates coupées en dés
¼ tasse (60 ml) de persil frais, haché finement
¼ tasse (60 ml) de menthe fraîche, hachée finement
⅓ tasse (80 ml) d'oignons verts coupés en tranches fines

Mettre le quinoa dans une casserole, ajouter l'eau et porter à ébullition. Réduire à feu doux, couvrir et cuire pendant 10 minutes. Éteindre le feu et laisser reposer pendant 4 minutes sans découvrir la casserole. Détacher les grains de quinoa avec une fourchette et laisser refroidir à découvert.

Dans un petit bol, à l'aide d'un fouet, bien mélanger le jus de citron, la pâte de tomates, l'huile, le piment jalapeño, l'assaisonnement au chili et le sel. Dans un saladier, mélanger le quinoa refroidi, les tomates, le persil, la menthe et les oignons verts. Verser la vinaigrette sur la salade et mélanger délicatement.

Donne 2 tasses (500 ml).

Donne ½ tasse (125 ml).

Pousses de quinoa

Les pousses de quinoa sont riches en vitamines et en minéraux. Elles apportent du croquant et de la fraîcheur aux salades, aux sandwichs et aux plats d'accompagnement. Consommées telles quelles en collation, elles fournissent une abondance d'enzymes vivantes. La quantité de pousses que vous obtiendrez dépendra du temps de germination.

⅔ tasse (160 ml) de quinoa*
2 tasses (500 ml) d'eau distillée refroidie

Mettre le quinoa et l'eau distillée dans un plat ou un bol en verre de 10 po (25 cm), rond ou carré, muni d'un couvercle. S'assurer que tous les grains sont bien immergés. Couvrir et laisser tremper pendant 40 minutes à la température ambiante.

Égoutter les grains, les rincer parfaitement à l'eau et les remettre dans le plat. Placer le couvercle sur le plat en laissant une petite ouverture pour la circulation de l'air. Couvrir complètement le plat d'un linge propre et laisser reposer de 8 à 10 heures. Renouveler les étapes de rinçage et de repos une ou deux fois, selon la longueur de pousses désirée. Plus elles sont petites, plus elles se conservent longtemps au réfrigérateur. Utiliser rapidement les pousses les plus longues, préférablement dans les 24 heures.

* La qualité des pousses dépend de la provenance des grains et de leur fraîcheur. Pour des résultats optimaux, vérifiez qu'ils n'ont pas atteint la date limite de consommation indiquée sur le sachet et assurez-vous de bien suivre toutes les étapes.

Quinoa grillé à l'ail

Parsemez cette garniture croustillante sur vos salades préférées pour changer des croûtons.

1 c. à soupe (15 ml) de beurre
¼ c. à thé (1 ml) de sel à l'ail
½ tasse (125 ml) de quinoa

Préchauffer le four à 350°F (180°C). Dans une petite poêle, faire fondre le beurre à feu moyen, puis ajouter le sel à l'ail. Retirer du feu, ajouter le quinoa et remuer délicatement pour l'enrober de beurre.

Étendre le quinoa sur une grande plaque de cuisson. Cuire au four de 10 à 12 minutes ou jusqu'à ce qu'il soit doré et qu'il dégage son arôme. Laisser refroidir. Le quinoa à l'ail se conserve de 6 à 8 semaines au réfrigérateur dans un contenant hermétique.

Chapitre 3

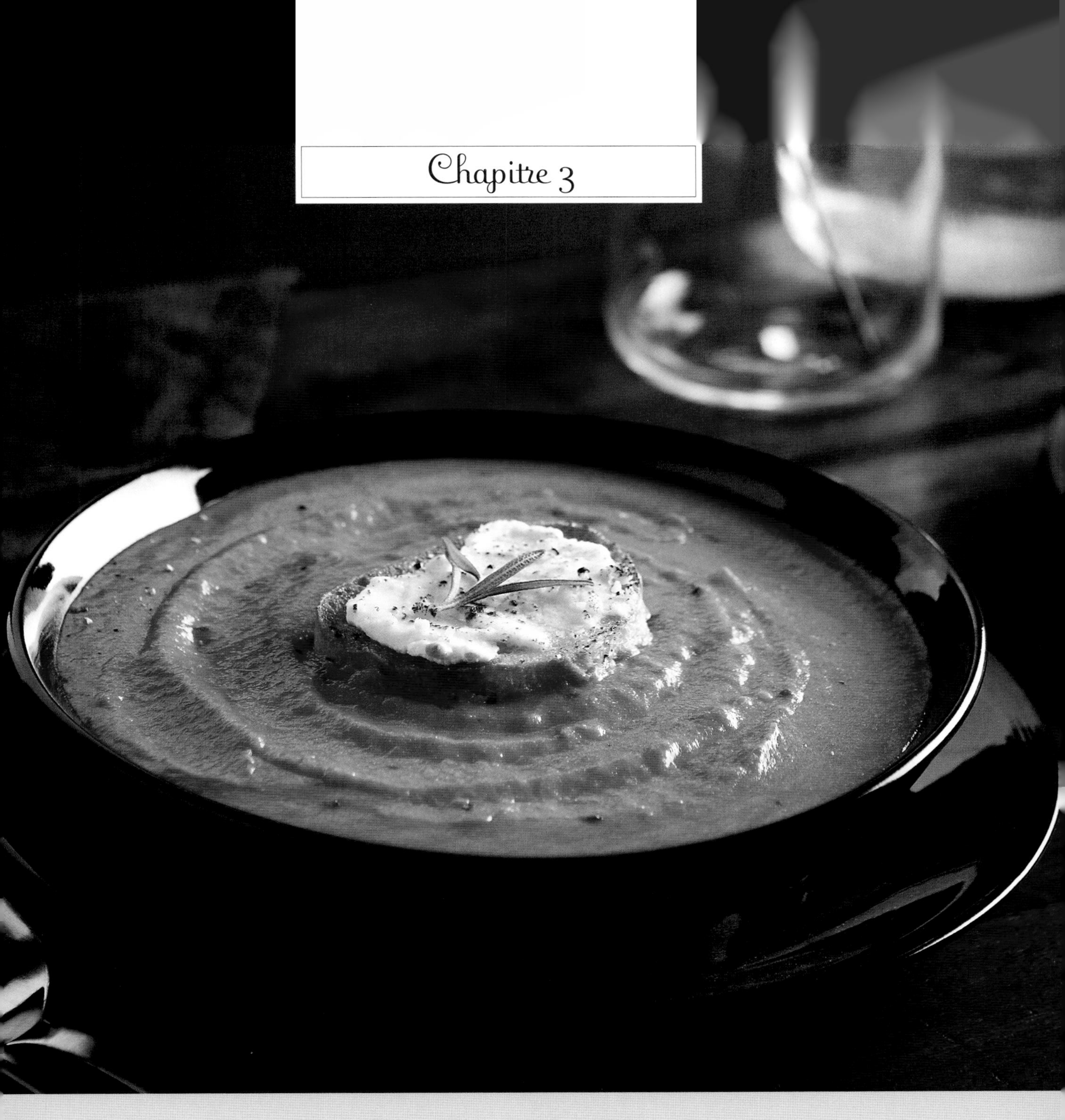

SOUPES ET PLATS MIJOTÉS

Sains et nourrissants

Le quinoa améliore grandement la qualité et l'apport nutritif des soupes et des plats mijotés. Parions que vous oublierez même sa présence dans ces recettes formidables! Préparés avec des ingrédients frais, nos soupes et plats mijotés, comme le Potage aux carottes et au cari, la Soupe au bœuf et aux patates douces ou la Soupe aux boulettes de dindon à l'italienne, sont des plats généreux et réconfortants qui réchaufferont toute la maisonnée.

4 à 6 portions

Potage aux haricots noirs

- 1 c. à soupe (15 ml) d'huile d'olive
- ½ tasse (125 ml) d'oignon haché
- ½ tasse (125 ml) de quinoa
- 2 tasses (500 ml) de bouillon de poulet ou de légumes
- 2 boîtes de 19 oz (540 ml) de haricots noirs, égouttés et rincés
- 1 c. à thé (5 ml) d'ail haché finement
- 1 c. à thé (5 ml) d'assaisonnement au chili
- ½ c. à thé (2 ml) de cumin moulu
- ¼ c. à thé (1 ml) de flocons de piment fort
- 2 c. à soupe (30 ml) de coriandre fraîche, hachée
- 1 c. à soupe (15 ml) de jus de lime fraîchement pressé
- ¼ c. à thé (1 ml) de sel
- ½ tasse (125 ml) de pointes de tortillas grillées ou de croustilles de maïs
- ½ tasse (125 ml) de cheddar vieilli, râpé
- ½ tasse (125 ml) de yogourt nature ou de crème sure (facultatif)

Dans une grande casserole, chauffer l'huile à feu moyen-vif. Ajouter l'oignon et le faire sauter de 5 à 6 minutes. Ajouter le quinoa et le faire griller pendant 4 minutes ou jusqu'à ce qu'il dégage légèrement son arôme. Ajouter le bouillon, les haricots noirs et l'ail et porter à ébullition. Réduire à feu doux, couvrir et cuire, en remuant souvent, pendant 14 minutes ou jusqu'à ce que le quinoa soit tendre. Ajouter l'assaisonnement au chili, le cumin et les flocons de piment fort et mélanger.

Au robot culinaire ou au mélangeur (ou à l'aide d'un mélangeur à main), réduire la préparation de haricots en purée lisse, en deux fois. Verser la purée dans la casserole et mettre à feu doux. Incorporer la coriandre, le jus de lime et le sel. Servir le potage dans de grands bols. Garnir chaque portion des pointes de tortillas grillées, du cheddar et du yogourt, si désiré.

4 à 6 portions

Soupe au bœuf et aux légumes

- 1 c. à soupe (15 ml) d'huile végétale
- 1 tasse (250 ml) de bœuf à ragoût coupé en dés
- ½ tasse (125 ml) d'oignon coupé en dés
- ½ tasse (125 ml) de carottes coupées en dés
- ½ tasse (125 ml) de céleri coupé en dés
- ¼ tasse (60 ml) de quinoa
- 4 tasses (1 L) de bouillon de bœuf
- 1 brin de romarin frais
- 1 brin de thym frais
- 1 feuille de laurier
- 3 brins de persil frais
- ½ tasse (125 ml) de poivron rouge coupé en dés
- ¼ tasse (60 ml) de petits pois frais ou surgelés
- sel et poivre noir au goût

Dans une grande casserole, chauffer l'huile à feu moyen-vif. Ajouter les dés de bœuf et les faire dorer environ 5 minutes. Ajouter l'oignon, les carottes et le céleri et cuire pendant 10 minutes ou jusqu'à ce que l'oignon soit tendre. Ajouter le quinoa et le bouillon.

Faire un bouquet garni: mettre le romarin, le thym, la feuille de laurier et le persil sur un carré d'étamine (coton à fromage) de 4 po (10 cm) de côté et l'attacher avec de la ficelle de cuisine de manière à former une pochette (ou attacher simplement les fines herbes ensemble avec de la ficelle de cuisine). Mettre le bouquet garni dans la casserole.

Laisser mijoter la soupe pendant 17 minutes ou jusqu'à ce que le quinoa soit tendre. Ajouter le poivron et les petits pois dans les 8 dernières minutes de cuisson. Retirer le bouquet garni. Saler et poivrer.

4 à 6 portions

Potage au brocoli et au cheddar

1 c. à soupe (15 ml) de beurre
1 tasse (250 ml) d'oignons hachés
3 tasses (750 ml) de bouquets de brocoli défaits en petits morceaux
¼ tasse (60 ml) de quinoa
3 tasses (750 ml) de bouillon de poulet ou de légumes
1 ½ tasse (375 ml) de crème à 10 %
sel et poivre noir au goût
1 tasse (250 ml) de cheddar vieilli, râpé

Dans une grande casserole, faire fondre le beurre à feu moyen. Ajouter les oignons et les faire sauter de 8 à 10 minutes ou jusqu'à ce qu'ils soient tendres. Ajouter le brocoli, le quinoa et le bouillon et porter à ébullition. Réduire à feu doux, couvrir et laisser mijoter pendant 18 minutes ou jusqu'à ce que le quinoa soit tendre.

Au robot culinaire ou au mélangeur (ou à l'aide d'un mélangeur à main), réduire la préparation de brocoli en purée lisse, en deux fois. Verser la purée dans la casserole. Incorporer la crème. Saler et poivrer. Réchauffer à feu doux sans laisser bouillir. Lorsque le potage est chaud, ajouter le cheddar et mélanger jusqu'à ce qu'il soit fondu.

Variante Remplacez le cheddar par ¾ tasse (185 ml) de fromage bleu.

4 portions

Soupe froide à l'avocat

Riche en vitamine E, l'avocat aide à prévenir les AVC et les maladies cardiaques, et ses gras monoinsaturés contribueraient à réduire le taux de cholestérol. Il faciliterait aussi l'absorption des éléments nutritifs et serait même un bon aliment anti-âge. Quand la canicule bat son plein, cette soupe laisse une délicieuse impression de fraîcheur. Donnez-lui une apparence différente en la préparant avec du quinoa rouge et servez-la avec un sandwich pour compléter le repas.

¼ tasse (60 ml) de quinoa
1 ½ tasse (375 ml) d'eau
3 avocats mûrs, coupés en dés
¾ tasse (185 ml) de concombre coupé en dés
1 c. à thé (5 ml) d'oignon coupé en dés
1 c. à thé (5 ml) d'ail haché finement
2 tasses (500 ml) de bouillon de légumes
⅓ tasse (80 ml) de salsa du commerce, moyenne ou forte
4 tranches de concombre
sauce Tabasco ou sauce au piment fort

Mettre le quinoa dans une casserole, ajouter ½ tasse (125 ml) de l'eau et porter à ébullition. Réduire à feu doux, couvrir et cuire pendant 10 minutes. Éteindre le feu et laisser reposer pendant 5 minutes sans découvrir la casserole. Détacher les grains de quinoa avec une fourchette.

Au robot culinaire ou au mélangeur, réduire en purée les avocats, le quinoa, le concombre en dés, l'oignon et l'ail. Ajouter petit à petit le bouillon, le reste de l'eau et la salsa et mélanger jusqu'à ce que la préparation soit lisse. Réfrigérer au moins 30 minutes ou jusqu'à 24 heures dans un contenant hermétique. Servir dans des bols froids. Garnir chaque portion d'une tranche de concombre et arroser d'un trait de sauce Tabasco.

4 à 6 portions

Potage aux carottes et au cari

1 tasse (250 ml) d'oignons hachés
2 tasses (500 ml) de carottes coupées en dés
1 tasse (250 ml) de pommes de terre pelées et coupées en dés
5 tasses (1,25 L) de bouillon de légumes
1 c. à soupe (15 ml) de cari
1 c. à thé (5 ml) d'ail haché finement
½ tasse (125 ml) de farine de quinoa
⅓ tasse (80 ml) de lait de coco (ou 1 tasse/250 ml de lait à 2 %)
2 c. à soupe (30 ml) de coriandre fraîche, hachée
sel au goût

Dans une grande casserole, mélanger les oignons, les carottes, les pommes de terre, le bouillon, le cari et l'ail. Couvrir et porter à ébullition. Réduire le feu et laisser mijoter pendant 1 heure. Incorporer la farine. Retirer la casserole du feu et laisser refroidir légèrement.

Au robot culinaire ou au mélangeur (ou à l'aide d'un mélangeur à main), réduire la préparation de carottes en purée lisse, en deux fois. Verser la purée dans la casserole. Incorporer le lait de coco et la coriandre. Saler le potage. Réchauffer à feu moyen environ 5 minutes.

4 à 6 portions

Potage aux betteraves et à l'aneth

Riche en fer, cette soupe colorée et veloutée a un petit côté sucré délicieux. Servez-la en guise de plat principal avec une tranche de pain croûté.

1 c. à soupe (15 ml) d'huile d'olive
¾ tasse (185 ml) d'oignon haché finement
¾ tasse (185 ml) de quinoa
3 tasses (750 ml) de bouillon de légumes
1 tasse (250 ml) d'eau
2 grosses betteraves, pelées et hachées
1 c. à thé (5 ml) d'ail haché finement
¼ tasse (60 ml) d'aneth frais, haché
¼ tasse (60 ml) de jus de citron fraîchement pressé (1 à 2 citrons)
1 c. à thé (5 ml) de sel
1 pincée de poivre noir
¼ tasse (60 ml) de crème sure ou de yogourt nature faible en gras

Dans une grande casserole, chauffer l'huile à feu moyen-vif. Ajouter l'oignon et le faire sauter environ 4 minutes. Ajouter le quinoa et le faire griller pendant 2 minutes ou jusqu'à ce qu'il dégage son arôme. Ajouter le bouillon et l'eau et porter à ébullition. Ajouter les betteraves et cuire de 5 à 7 minutes. Ajouter l'ail et mélanger. Réduire le feu, couvrir et laisser mijoter de 10 à 15 minutes ou jusqu'à ce que les betteraves soient tendres.

Au robot culinaire ou au mélangeur, réduire la préparation de betteraves en purée lisse, en deux fois. Verser le potage dans la casserole et mettre sur feu doux. Incorporer l'aneth, le jus de citron, le sel et le poivre. Garnir chaque portion de crème sure. Le potage se conserve jusqu'à 4 jours au réfrigérateur dans un contenant hermétique.

4 à 6 portions

Soupe aux boulettes de dindon à l'italienne

Un grand classique inscrit au menu de nombreux restos italiens.

Boulettes de dindon

- ½ lb (250 g) de dindon haché
- 1 gros œuf
- ¼ tasse (60 ml) d'oignons verts coupés en tranches fines
- 3 c. à soupe (45 ml) de chapelure
- 2 c. à soupe (30 ml) de coriandre fraîche, hachée
- 2 c. à soupe (30 ml) de parmesan fraîchement râpé
- 1 c. à soupe (15 ml) de basilic frais, haché (ou 1 c. à thé/5 ml de basilic séché)

Bouillon

- 6 tasses (1,5 L) de bouillon de poulet
- ½ tasse (125 ml) de quinoa
- 2 ½ tasses (625 ml) d'épinards frais, coupés en fines lanières
- 2 à 3 c. à thé (10 à 15 ml) de zeste de citron râpé (environ 1 citron)
- parmesan fraîchement râpé

Boulettes. Dans un grand bol, bien mélanger le dindon haché, l'œuf, les oignons verts, la chapelure, la coriandre, le parmesan et le basilic. Façonner la préparation en boulettes de ¾ po (2 cm).

Bouillon. Dans une grande casserole, porter le bouillon de poulet à ébullition. Ajouter le quinoa, réduire à feu doux, couvrir et cuire pendant 8 minutes. Ajouter les boulettes de dindon et remuer délicatement. Porter au point d'ébullition, couvrir et laisser mijoter pendant 5 minutes. Ajouter les épinards et le zeste de citron, couvrir et poursuivre la cuisson pendant 5 minutes. Accompagner la soupe de parmesan.

4 à 6 portions

Potage aux poireaux

- 3 c. à soupe (45 ml) de beurre
- 2 tasses (500 ml) de poireaux coupés en tranches (la partie blanche seulement)
- 3 tasses (750 ml) de bouillon de poulet ou de légumes
- 2 ½ tasses (625 ml) de pommes de terre jaunes (de type Yukon Gold), pelées et coupées en dés
- ½ tasse (125 ml) de quinoa
- 2 tasses (500 ml) de lait ou de boisson de soja
- sel au goût

Dans une grande casserole, faire fondre le beurre à feu moyen. Ajouter les poireaux et les faire sauter pendant 8 minutes ou jusqu'à ce qu'ils soient tendres. Réserver ½ tasse (125 ml) des poireaux dans un bol.

Dans la casserole, ajouter le bouillon, les pommes de terre et le quinoa et porter à ébullition. Réduire à feu doux, couvrir et cuire pendant 18 minutes ou jusqu'à ce que les pommes de terre et le quinoa soient tendres.

Au robot culinaire ou au mélangeur (ou à l'aide d'un mélangeur à main), réduire la préparation de pommes de terre en purée lisse, en deux fois. Verser la purée dans la casserole. Incorporer le lait et les poireaux réservés. Réchauffer le potage à feu moyen sans laisser bouillir. Saler.

4 à 6 portions

Soupe au quinoa et au citron

Si vous voulez réduire l'apport calorique, préparez cette soupe sans crème: elle sera tout aussi savoureuse.

- 1 c. à soupe (15 ml) d'huile d'olive
- 4 oignons verts coupés en tranches fines
- ½ tasse (125 ml) de quinoa
- 3 tasses (750 ml) de bouillon de poulet ou de légumes
- 3 tasses (750 ml) d'eau
- 4 gros œufs
- ¼ tasse (60 ml) de jus de citron fraîchement pressé (1 à 2 citrons)
- 1 tasse (250 ml) de crème à 10 %
- 1 c. à thé (5 ml) de zeste de citron râpé
- 1 pincée de poivre noir

Dans une grande casserole, chauffer l'huile à feu moyen. Ajouter les oignons verts et les faire sauter pendant 4 minutes ou jusqu'à ce qu'ils soient tendres. Ajouter le quinoa et remuer pour bien l'enrober, puis le faire griller de 4 à 5 minutes en remuant de temps à autre. Ajouter le bouillon et l'eau et porter à ébullition à feu moyen-vif. Réduire le feu et laisser mijoter de 10 à 15 minutes ou jusqu'à ce que le quinoa soit tendre.

Dans un bol, à l'aide d'un fouet, battre les œufs et le jus de citron. Ajouter petit à petit 1 tasse (250 ml) du bouillon chaud en fouettant, pour tempérer les œufs. Verser ce mélange dans la casserole. Incorporer la crème, le zeste de citron et le poivre. Laisser mijoter quelques minutes pour réchauffer (ne pas laisser bouillir). La soupe se conserve jusqu'à 3 jours au réfrigérateur dans un contenant hermétique.

4 à 6 portions

Crème de champignons légère

Les champignons auraient des qualités antibactériennes et stimuleraient le système immunitaire.

- ½ tasse (125 ml) de quinoa
- 2 c. à soupe (30 ml) de beurre
- 1 tasse (250 ml) d'oignons coupés en dés
- 8 tasses (2 L) de champignons de Paris hachés
- 4 tasses (1 L) de bouillon de poulet ou de légumes
- 1 c. à thé (5 ml) d'ail ou d'ail rôti haché finement
- ½ c. à thé (2 ml) de sel
- 1 pincée de poivre noir
- 1 tasse (250 ml) de crème à 10 % + 3 c. à soupe (45 ml) (facultatif)
- 3 c. à soupe (45 ml) de ciboulette fraîche, hachée finement (facultatif)

Dans une grande casserole, faire griller le quinoa à sec (sans gras) à feu moyen, en remuant souvent, pendant 5 minutes ou jusqu'à ce qu'il dégage son arôme. Réserver dans un bol.

Dans la casserole, faire fondre le beurre à feu moyen. Ajouter les oignons et les champignons et les faire sauter de 7 à 8 minutes ou jusqu'à ce que les oignons soient tendres. Réserver 1 ½ tasse (375 ml) du mélange de champignons dans un bol. Dans la casserole, ajouter le quinoa réservé, le bouillon et l'ail et porter à ébullition. Réduire à feu doux, couvrir et cuire pendant 18 minutes ou jusqu'à ce que le quinoa soit tendre.

Au robot culinaire ou au mélangeur (ou à l'aide d'un mélangeur à main), réduire la préparation de champignons en purée lisse, en deux fois. Verser la purée dans la casserole. Ajouter le sel et le poivre. Incorporer 1 tasse (250 ml) de la crème et le mélange de champignons réservé. Réchauffer le potage à feu doux sans laisser bouillir. Garnir chaque portion du reste de la crème et de la ciboulette, si désiré.

4 à 6 portions

Soupe minestrone

- 2 c. à soupe (30 ml) d'huile d'olive
- 1 tasse (250 ml) d'oignons blancs coupés en dés
- 1 tasse (250 ml) de carottes coupées en dés
- 1 tasse (250 ml) de pommes de terre coupées en dés
- ½ c. à thé (2 ml) de sel
- 1 boîte de 14 oz (398 ml) de tomates en dés
- 3 tasses (750 ml) de bouillon de légumes ou de poulet
- ½ tasse (125 ml) de quinoa
- 2 c. à thé (10 ml) d'ail haché finement
- 1 tasse (250 ml) de courgette coupée en dés
- ½ tasse (125 ml) de parmesan fraîchement râpé
- 1 tasse (250 ml) d'épinards frais, coupés en fines lanières
- 2 c. à soupe (30 ml) de persil frais, haché

Dans une grande casserole, chauffer l'huile à feu moyen. Ajouter les oignons, les carottes, les pommes de terre et le sel et faire sauter les légumes pendant 7 minutes ou jusqu'à ce que les oignons soient tendres. Ajouter les tomates, le bouillon, le quinoa et l'ail et poursuivre la cuisson pendant 18 minutes ou jusqu'à ce que le quinoa et les légumes soient tendres.

Ajouter la courgette et ¼ tasse (60 ml) du parmesan et laisser mijoter pendant 5 minutes. Ajouter les épinards et le persil et poursuivre la cuisson pendant 1 minute. Garnir chaque portion du reste du parmesan.

4 à 6 portions

Potage aux petits pois et à la menthe

2 c. à soupe (30 ml) de beurre ou d'huile d'olive
¼ tasse (60 ml) d'oignon haché finement
4 tasses (1 L) de petits pois surgelés
2 tasses (500 ml) de bouillon de poulet ou de légumes
⅓ tasse (80 ml) de farine de quinoa
2 tasses (500 ml) de lait à 2 %
¼ tasse (60 ml) de menthe fraîche, hachée
1 pincée de sucre
sel et poivre noir au goût

Dans une grande casserole, faire fondre le beurre à feu moyen. Ajouter l'oignon et le faire sauter pendant 4 minutes ou jusqu'à ce qu'il soit tendre. Ajouter les petits pois et le bouillon et laisser mijoter pendant 20 minutes.

Au robot culinaire ou au mélangeur (ou à l'aide d'un mélangeur à main), réduire la préparation de petits pois en purée lisse, en deux fois. Verser la purée dans la casserole et mettre à feu moyen. Dans un bol, à l'aide d'un fouet, mélanger la farine et le lait. Incorporer ce mélange à la purée de petits pois, puis ajouter la menthe. Porter le potage au point d'ébullition et laisser mijoter pendant 5 minutes en remuant souvent. Ajouter le sucre, saler et poivrer.

4 à 6 portions

Potage aux tomates et aux poivrons rouges grillés

- 3 c. à soupe (45 ml) de beurre
- ¾ tasse (185 ml) d'oignon haché
- 1 boîte de 28 oz (796 ml) de tomates broyées
- 1 tasse (250 ml) de poivrons rouges grillés, coupés en dés
- ¼ tasse (60 ml) de basilic frais, haché finement
- 2 c. à thé (10 ml) de sucre blanc ou de sucre de canne
- ½ c. à thé (2 ml) de sel
- 2 tasses (500 ml) de bouillon de légumes ou de poulet
- ½ tasse (125 ml) de farine de quinoa
- 1 tasse (250 ml) de crème à 10 %

Dans une casserole, faire fondre le beurre à feu moyen. Ajouter l'oignon et le faire sauter pendant 8 minutes ou jusqu'à ce qu'il soit tendre. Ajouter les tomates, les poivrons grillés, le basilic, le sucre et le sel.

Dans un bol, à l'aide d'un fouet, mélanger le bouillon et la farine. Incorporer petit à petit ce mélange à la préparation de tomates (il peut y avoir des grumeaux). Porter à ébullition, réduire le feu et laisser mijoter pendant 5 minutes.

Au robot culinaire ou au mélangeur (ou à l'aide d'un mélangeur à main), réduire la préparation de tomates en purée lisse, en deux fois. Verser la purée dans la casserole et mettre à feu très doux. Incorporer la crème. Rectifier l'assaisonnement au besoin. Le potage se conserve jusqu'à 1 mois au congélateur dans un contenant hermétique.

4 à 6 portions

Chaudrée de maïs et de poireau

C'est le quinoa qui donne l'onctuosité à cette belle soupe veloutée : elle ne contient même pas un soupçon de crème!

1 c. à soupe (15 ml) de beurre
1 tasse (250 ml) d'oignons hachés
1 tasse (250 ml) de poireau coupé en tranches (la partie blanche seulement)
½ tasse (125 ml) de quinoa
3 tasses (750 ml) de maïs en grains surgelé
2 tasses (500 ml) de bouillon de poulet ou de légumes
1 poivron rouge haché
1 pincée de poivre noir
¼ c. à thé (1 ml) de piment de Cayenne
5 filaments de safran
¼ c. à thé (1 ml) de sel

Dans une grande casserole, faire fondre le beurre à feu moyen. Ajouter les oignons et le poireau et les faire sauter pendant 7 minutes ou jusqu'à ce que les oignons soient tendres. Ajouter le quinoa et 2 tasses (500 ml) du maïs et cuire pendant 5 minutes ou jusqu'à ce que le maïs soit partiellement décongelé (au besoin, ajouter quelques gouttes du bouillon pour empêcher le maïs de coller). Verser le bouillon dans la casserole et porter à ébullition. Réduire le feu, couvrir et laisser mijoter pendant 15 minutes ou jusqu'à ce que le quinoa soit tendre.

Au robot culinaire ou au mélangeur (ou à l'aide d'un mélangeur à main), réduire la préparation de maïs en purée lisse, en deux fois. Verser la purée dans la casserole. Ajouter le reste du maïs, le poivron, le poivre, le piment de Cayenne, le safran et le sel et mélanger. Réchauffer à feu doux. La chaudrée se conserve jusqu'à 2 jours au réfrigérateur dans un contenant hermétique.

4 à 6 portions

Soupe paysanne aux légumes

Cette soupe traditionnelle est un bon moyen de passer ce qui reste dans le frigo.

- 1 c. à soupe (15 ml) de beurre
- 4 tasses (1 L) de champignons de Paris hachés (ou un mélange de champignons)
- ¾ tasse (185 ml) d'oignon espagnol coupé en dés
- ¾ tasse (185 ml) de poireau coupé en deux, puis en tranches fines (la partie blanche seulement)
- ½ tasse (125 ml) de céleri coupé en dés
- 1 c. à thé (5 ml) d'ail haché finement
- ½ c. à thé (2 ml) de sel
- 4 tasses (1 L) de bouillon de légumes ou de poulet
- ¾ tasse (185 ml) de carottes coupées en dés
- ½ tasse (125 ml) de courgette coupée en dés
- ¼ tasse (60 ml) de quinoa
- 2 c. à thé (10 ml) de basilic frais, haché finement (ou ½ c. à thé/2 ml de basilic séché)
- poivre noir du moulin (facultatif)

Dans une grande casserole, faire fondre le beurre à feu moyen. Ajouter les champignons, l'oignon, le poireau, le céleri, l'ail et le sel et faire sauter les légumes pendant 12 minutes ou jusqu'à ce qu'ils soient tendres. Ajouter le bouillon, les carottes, la courgette, le quinoa et le basilic et porter à ébullition. Réduire à feu doux, couvrir et cuire pendant 20 minutes. Poivrer, si désiré.

2 à 4 portions

Potage aux patates douces et au lait de coco

La combinaison de lait de coco, de piment de Cayenne et d'assaisonnement au chili donne un accent exotique à ce potage, laissant une délicieuse impression d'ailleurs.

- 2 grosses patates douces, pelées et coupées en morceaux de 2 à 3 po (5 à 7,5 cm)
- ½ tasse (125 ml) d'oignon coupé en dés
- 2 c. à soupe (30 ml) d'eau
- ½ tasse (125 ml) de quinoa
- 3 tasses (750 ml) de bouillon de légumes
- 1 tasse (250 ml) de lait de coco
- ¼ c. à thé (1 ml) de piment de Cayenne
- ¼ c. à thé (1 ml) d'assaisonnement au chili
- ¼ tasse (60 ml) de yogourt nature (facultatif)

Cuire les patates douces de 5 à 6 minutes ou jusqu'à ce qu'elles soient tendres dans une casserole d'eau bouillante, sans être trop molles. Égoutter et réserver.

Dans une grande casserole, mettre l'oignon et verser l'eau. Cuire à feu moyen pendant 7 minutes ou jusqu'à ce que l'oignon soit tendre. Ajouter le quinoa et le bouillon et porter à ébullition à feu vif. Réduire à feu moyen et poursuivre la cuisson pendant 15 minutes ou jusqu'à ce que le quinoa soit tendre. Ajouter les patates douces réservées.

Au robot culinaire ou au mélangeur (ou à l'aide d'un mélangeur à main), réduire la préparation de patates douces en purée lisse, en deux fois. Verser la purée dans la casserole. Incorporer le lait de coco. Réchauffer le potage à feu doux. Ajouter le piment de Cayenne et l'assaisonnement au chili et mélanger. Garnir chaque portion d'une cuillerée du yogourt, si désiré. Le potage se conserve jusqu'à 2 jours au réfrigérateur dans un contenant hermétique.

4 à 6 portions

Casserole réconfortante de haricots aux épinards

Ce savoureux plat tout-en-un se prépare rapidement quand le temps presse et se transforme facilement en version végé. Il suffit d'utiliser du bouillon de légumes et d'omettre le poulet.

- 4 tasses (1 L) de bouillon de poulet ou de légumes
- 1 tasse (250 ml) d'oignons coupés en dés
- ½ tasse (125 ml) de quinoa
- ¾ c. à thé (4 ml) d'origan séché
- 1 c. à thé (5 ml) d'ail haché finement
- 1 feuille de laurier
- 2 tasses (500 ml) de haricots rouges cuits ou en conserve
- 2 tasses (500 ml) de petits haricots blancs (de type navy), cuits ou en conserve
- 2 tasses (500 ml) d'épinards, de borécole (chou vert frisé) ou de bette à carde hachés
- 2 tasses (500 ml) de poulet (ou de saucisses italiennes maigres) cuit, coupé en dés
- 1 pincée de poivre noir
- sel au goût

Dans une grande casserole, mélanger le bouillon, les oignons, le quinoa, l'origan, l'ail et la feuille de laurier et porter à ébullition. Réduire à feu doux, couvrir et cuire pendant 15 minutes. Ajouter les haricots rouges et blancs et les épinards, et poursuivre la cuisson à découvert jusqu'à ce que les épinards aient ramolli. Ajouter le poulet et le poivre, saler et mélanger. Le reste de la casserole de haricots se conserve jusqu'à 2 jours au réfrigérateur.

4 à 6 portions

Ragoût de poulet aux légumes

En plus d'épaissir la sauce de ce plat classique, la farine de quinoa améliore ses qualités nutritives.

- 1 c. à soupe (15 ml) d'huile d'olive
- 1 tasse (250 ml) de carottes coupées en dés
- 1 tasse (250 ml) de céleri coupé en dés
- ¾ tasse (185 ml) d'oignon coupé en dés
- 2 tasses (500 ml) de bouillon de poulet
- 1 tasse (250 ml) de pommes de terre grelot rouges, coupées en deux
- 1 c. à thé (5 ml) d'ail haché finement
- 1 feuille de laurier
- 1 c. à soupe (15 ml) d'aneth frais, haché finement (ou 1 c. à thé/5 ml d'aneth séché)
- 2 tasses (500 ml) de poulet cuit, coupé en dés (2 à 3 poitrines de poulet)
- 1 tasse (250 ml) de poivron rouge coupé en dés (environ 1 poivron)
- ½ tasse (125 ml) de farine de quinoa
- 1 tasse (250 ml) d'eau froide
- 1 c. à thé (5 ml) de sel
- ¼ c. à thé (1 ml) de poivre noir

Dans une grande casserole, chauffer l'huile à feu moyen-vif. Ajouter les carottes, le céleri et l'oignon et les faire sauter pendant 8 minutes. Ajouter le bouillon, les pommes de terre, l'ail, la feuille de laurier et l'aneth. Couvrir et porter à ébullition. Réduire à feu doux et laisser mijoter pendant 8 minutes. Ajouter le poulet et le poivron et mélanger. Retirer la feuille de laurier.

Dans un petit bol, mélanger la farine et l'eau. Incorporer ce mélange à la préparation de poulet et cuire, en remuant de temps à autre, pendant 5 minutes ou jusqu'à ce que la préparation ait épaissi. Ajouter le sel et le poivre.

4 à 6 portions

Casserole de lentilles aux carottes

Pour éclaircir cette préparation et la transformer en soupe, faites cuire le quinoa avant de l'ajouter à la soupe.

- ½ tasse (125 ml) de quinoa
- ½ tasse (125 ml) de lentilles rouges
- 4 tasses (1 L) de bouillon de légumes ou de poulet
- 1 tasse (250 ml) d'eau
- 1 ½ tasse (375 ml) de carottes coupées en tranches
- 1 tasse (250 ml) d'oignon rouge coupé en dés
- 2 c. à thé (10 ml) d'ail haché finement
- 1 c. à thé (5 ml) de cumin moulu
- 1 c. à thé (5 ml) de coriandre moulue
- ¼ c. à thé (1 ml) de sel
- 1 tasse (250 ml) de poivron rouge coupé en dés (environ 1 poivron)
- 2 c. à soupe (30 ml) de coriandre fraîche, hachée finement

Dans une grande casserole, mélanger le quinoa, les lentilles, le bouillon et l'eau et porter à ébullition. Réduire à feu doux, couvrir et cuire pendant 10 minutes. Ajouter les carottes, l'oignon, l'ail, le cumin, la coriandre moulue et le sel et cuire pendant 5 minutes. Ajouter le poivron et poursuivre la cuisson pendant 5 minutes. Ajouter la coriandre fraîche et mélanger. Rectifier l'assaisonnement au besoin.

4 à 6 portions

Tajine de bœuf aux patates douces

Vous pouvez le préparer la veille et le réchauffer doucement au moment de servir.

Tajine de bœuf

- 1 c. à soupe (15 ml) d'huile d'olive
- 1 tasse (250 ml) d'oignons hachés finement
- 2 c. à thé (10 ml) de gingembre frais, haché finement
- 2 lb (1 kg) de bœuf à ragoût coupé en dés
- 2 ½ tasses (625 ml) de tomates en conserve
- ½ tasse (125 ml) d'eau
- 1 c. à thé (5 ml) de cumin moulu
- 1 c. à thé (5 ml) de coriandre moulue
- 1 c. à thé (5 ml) de paprika
- 1 bâton de cannelle
- 1 ¼ tasse (310 ml) de patates douces pelées et coupées en dés
- ½ tasse (125 ml) de dattes dénoyautées, hachées

Quinoa et amandes grillées

- 1 tasse (250 ml) de quinoa
- 2 tasses (500 ml) de bouillon de légumes
- ¼ tasse (60 ml) d'amandes en tranches (facultatif)

Tajine. Chauffer une grande casserole à feu moyen. Ajouter l'huile et y faire sauter les oignons pendant 4 minutes ou jusqu'à ce qu'ils soient tendres. Ajouter le gingembre et les dés de bœuf et bien faire dorer la viande. Ajouter les tomates, l'eau, le cumin, la coriandre, le paprika et la cannelle et porter à ébullition. Ajouter les patates douces et cuire à découvert de 12 à 15 minutes ou jusqu'à ce qu'elles soient presque tendres. Réduire le feu, ajouter les dattes et laisser mijoter à découvert pendant 5 minutes.

Quinoa. Mettre le quinoa dans une autre casserole, ajouter le bouillon et porter à ébullition. Réduire à feu doux, couvrir et cuire pendant 10 minutes. Éteindre le feu et laisser reposer pendant 6 minutes sans découvrir la casserole. Détacher les grains de quinoa avec une fourchette. Réserver.

Si désiré, préchauffer le four à 350°F (180°C) pour faire griller les amandes. Étaler les amandes sur une plaque de cuisson et cuire au centre du four de 5 à 7 minutes ou jusqu'à ce qu'elles soient légèrement dorées et qu'elles dégagent leur arôme.

Au moment de servir, répartir le quinoa réservé dans des assiettes et garnir chaque portion d'une cuillerée du tajine. Parsemer des amandes grillées, si désiré.

8 portions

Soupe au bœuf et aux patates douces

- 1 c. à soupe (15 ml) d'huile végétale
- 1 lb (500 g) de cubes de bœuf à ragoût
- ½ tasse (125 ml) d'oignon haché
- 1 c. à thé (5 ml) d'ail haché finement
- ½ tasse (125 ml) de quinoa
- 1 tasse (250 ml) de carottes coupées en tranches
- 2 c. à soupe (30 ml) de persil frais, haché
- ½ c. à thé (2 ml) de thym séché
- 4 tasses (1 L) de bouillon de bœuf
- 1 tasse (250 ml) d'eau
- 2 tasses (500 ml) de pommes de terre coupées en dés
- 2 tasses (500 ml) de patates douces pelées et coupées en dés
- ½ tasse (125 ml) de céleri coupé en dés
- ½ tasse (125 ml) de petits pois frais ou surgelés

Dans une grande casserole antiadhésive, chauffer l'huile à feu moyen. Ajouter les cubes de bœuf et les faire dorer environ 5 minutes. Ajouter l'oignon, l'ail et le quinoa et cuire pendant 5 minutes en remuant souvent. Ajouter les carottes, le persil, le thym et 1 à 2 c. à soupe (15 à 30 ml) du bouillon et poursuivre la cuisson pendant 5 minutes.

Ajouter le reste du bouillon et l'eau et porter à ébullition. Ajouter les pommes de terre, les patates douces et le céleri. Réduire à feu doux, couvrir et cuire pendant 45 minutes. Ajouter les petits pois dans les 10 dernières minutes de cuisson. La soupe se conserve jusqu'à 2 jours au réfrigérateur ou jusqu'à 1 mois au congélateur dans un contenant hermétique.

Chapitre 4

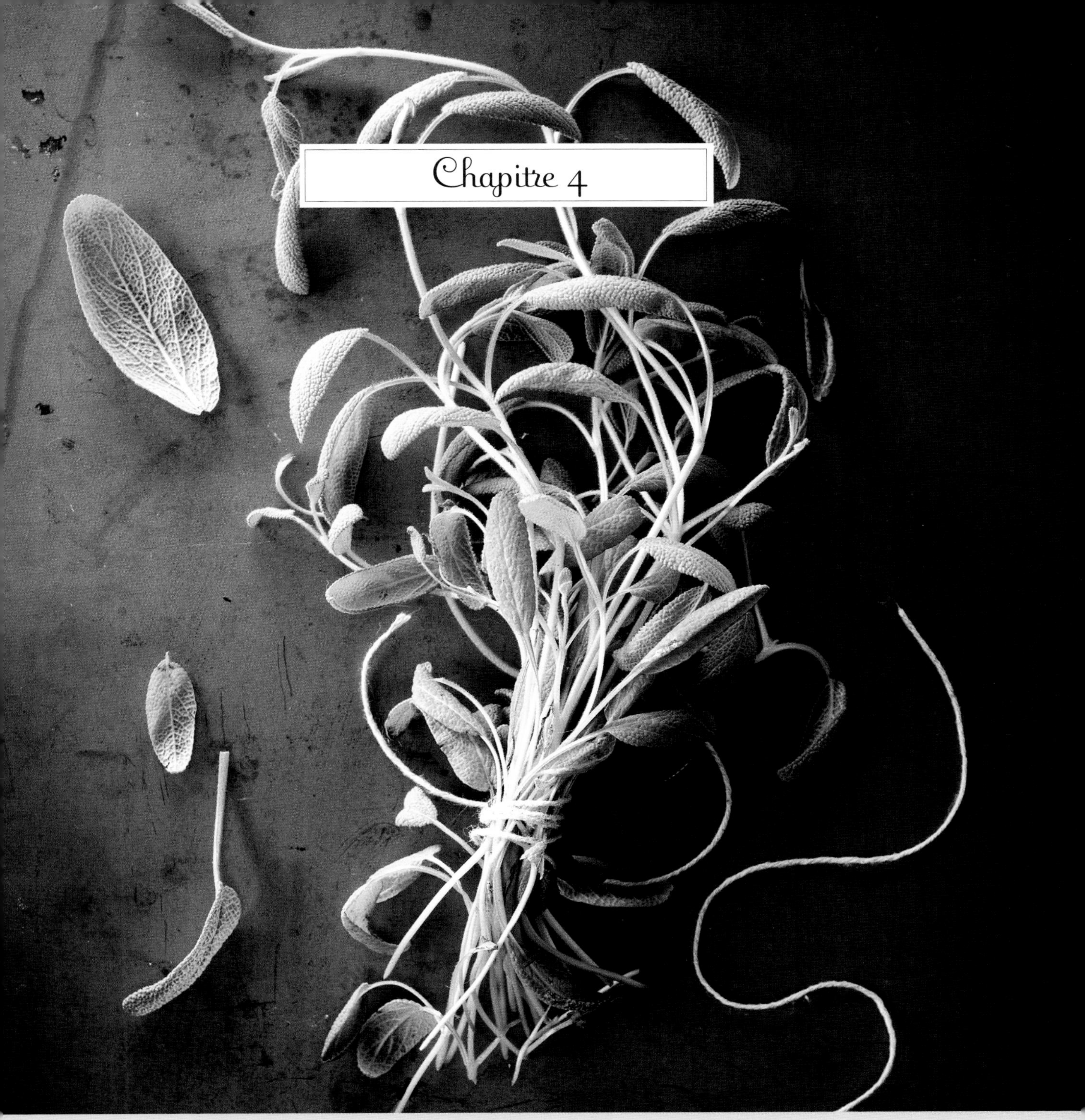

PLATS PRINCIPAUX

Pour végétariens et carnivores !

Que vous soyez végétarien ou carnivore, ou que vous ayez tout simplement envie de varier vos menus avec des plats qui contiennent moins de viande, nous avons tout un éventail de recettes savoureuses facilement adaptables. Sandwichs aux pousses de quinoa, soufflés ou chili, vous trouverez de quoi vous régaler. D'autant plus que le quinoa augmente la valeur nutritive de tous les genres de plats, du simple sandwich au thon au plat plus élaboré, comme le Sauté de bœuf aux poivrons façon péruvienne ou les Roulades de poulet farcies à la méditerranéenne.

4 à 6 portions

Casserole de poulet au brocoli

- 1 tasse (250 ml) de quinoa
- 2 tasses (500 ml) d'eau
- 3 tasses (750 ml) de bouquets de brocoli frais ou surgelés
- 2 c. à soupe (30 ml) d'huile végétale ou d'huile d'olive
- 4 poitrines de poulet désossées, sans peau
- 1 ½ tasse (375 ml) de crème sure légère
- ½ tasse (125 ml) de mayonnaise légère
- 2 c. à thé (10 ml) de jus de citron fraîchement pressé
- 2 c. à thé (10 ml) de moutarde
- 1 c. à thé (5 ml) de cari
- ½ c. à thé (2 ml) de basilic frais, haché finement (ou 1 pincée de basilic séché)
- 1 tasse (250 ml) de cheddar râpé

Préchauffer le four à 350°F (180°C). Graisser légèrement un plat de cuisson de 9 po × 13 po (23 cm x 33 cm) ou le vaporiser d'huile végétale.

Mettre le quinoa dans une casserole, ajouter l'eau et porter à ébullition. Réduire à feu doux, couvrir et cuire pendant 10 minutes. Éteindre le feu et laisser reposer pendant 6 minutes sans découvrir la casserole. Détacher les grains de quinoa avec une fourchette et laisser refroidir à découvert. Étendre le quinoa en couche uniforme dans le fond du plat de cuisson.

Dans une casserole d'eau bouillante, cuire le brocoli jusqu'à ce qu'il soit tendre mais encore croquant (ou le cuire à la vapeur dans une marguerite). Mettre le brocoli sur le quinoa.

Dans une grande poêle antiadhésive, chauffer l'huile à feu moyen-vif. Ajouter les poitrines de poulet et les faire dorer 5 minutes de chaque côté ou jusqu'à ce que le jus qui s'en écoule soit clair. Les laisser refroidir légèrement, puis les couper en lanières de 2 po (5 cm) de largeur. Répartir uniformément le poulet sur le brocoli.

Dans un petit bol, bien mélanger la crème sure, la mayonnaise, le jus de citron, la moutarde, le cari et le basilic. Étendre uniformément ce mélange sur le poulet et parsemer du cheddar. Cuire au centre du four pendant 25 minutes ou jusqu'à ce que la préparation soit chaude et que le fromage soit fondu et bouillonnant.

4 à 6 portions

Crevettes au gingembre et aux haricots edamame

Vous obtiendrez l'apport qu'il vous faut en fibres, en protéines, en calcium, en vitamine C et en fer avec ce plat complet débordant de superaliments.

1 tasse (250 ml) de quinoa
2 tasses (500 ml) d'eau
+ 2 c. à soupe (30 ml)
2 c. à soupe (30 ml) d'huile végétale
2 tasses (500 ml) de bouquets de brocoli
1 tasse (250 ml) de poivron rouge haché (environ 1 poivron)
½ c. à thé (2 ml) d'ail haché finement
½ c. à thé (2 ml) de gingembre moulu (ou 1 c. à thé/5 ml de gingembre frais, râpé)
2 tasses (500 ml) de crevettes entières cuites ou de poulet, de bœuf ou de porc cuit, coupé en dés, ou de tofu coupé en dés
1 tasse (250 ml) de haricots noirs cuits ou en conserve
1 tasse (250 ml) de haricots edamame décortiqués, cuits à la vapeur
3 c. à soupe (45 ml) de sauce soja (ou de sauce tamari sans gluten)

Mettre le quinoa dans une casserole, ajouter 2 t (500 ml) de l'eau et porter à ébullition. Réduire à feu doux, couvrir et cuire pendant 10 minutes. Éteindre le feu et laisser reposer pendant 6 minutes sans découvrir la casserole. Détacher les grains de quinoa avec une fourchette. Réserver.

Chauffer un grand wok ou une grande casserole à feu moyen. Ajouter l'huile, le reste de l'eau et le brocoli, couvrir et cuire pendant 4 minutes. Ajouter le poivron, l'ail et le gingembre, couvrir et poursuivre la cuisson pendant 3 minutes ou jusqu'à ce que les légumes soient tendres mais encore croquants. Ajouter les crevettes, les haricots noirs et edamame, la sauce soja et le quinoa réservé et mélanger. Poursuivre la cuisson en remuant jusqu'à ce que la préparation soit chaude. Le reste de la casserole se conserve jusqu'à 2 jours au réfrigérateur.

4 à 6 portions

Poulet à la mangue

- 1 tasse (250 ml) de quinoa
- 2 tasses (500 ml) de bouillon de poulet ou de légumes
- 1 c. à soupe (15 ml) d'huile d'olive
- 4 poitrines de poulet désossées, sans peau, coupées en dés
- 1 ¼ tasse (310 ml) de courgettes coupées en dés
- 1 tasse (250 ml) de poivron rouge coupé en dés (environ 1 poivron)
- 2 c. à soupe (30 ml) de jus d'orange
- 1 mangue mûre, coupée en dés
- 2 c. à soupe (30 ml) de coriandre fraîche, hachée
- 1 tasse (250 ml) de cheddar vieilli, râpé
- ½ tasse (125 ml) de crème sure légère

Mettre le quinoa dans une casserole, ajouter le bouillon et porter à ébullition. Réduire à feu doux, couvrir et cuire pendant 10 minutes. Éteindre le feu et laisser reposer pendant 6 minutes sans découvrir la casserole. Détacher les grains de quinoa avec une fourchette. Réserver.

Dans une grande casserole, chauffer l'huile à feu moyen-vif. Ajouter le poulet et le faire dorer pendant 5 minutes en remuant. Ajouter les courgettes et le poivron et poursuivre la cuisson pendant 10 minutes ou jusqu'à ce que les légumes soient tendres. Ajouter le jus d'orange et remuer pour bien enrober les ingrédients et les réchauffer. Ajouter la mangue et la coriandre en soulevant délicatement la masse. Réchauffer.

Au moment de servir, répartir le quinoa réservé dans des assiettes et garnir chaque portion de la préparation de poulet. Parsemer du cheddar et garnir d'une cuillerée de la crème sure.

4 portions

Poulet à la marocaine

Poitrines de poulet épicées

- ½ c. à thé (2 ml) de cannelle moulue
- ¼ c. à thé (1 ml) de gingembre moulu
- ¼ c. à thé (1 ml) de curcuma moulu
- ¼ c. à thé (1 ml) de coriandre moulue
- 2 c. à soupe (30 ml) de beurre ou d'huile végétale
- 4 poitrines de poulet désossées, sans peau
- 1 tasse (250 ml) d'oignons coupés en dés
- 1 tasse (250 ml) d'eau
- 2 c. à thé (10 ml) d'ail haché finement
- 3 c. à soupe (45 ml) de jus d'orange
- 1 pincée de sel

Quinoa aux pistaches

- ⅔ tasse (160 ml) de quinoa
- 1 ⅓ tasse (330 ml) d'eau
- 1 c. à soupe (15 ml) de beurre
- 2 c. à thé (10 ml) de miel
- ½ c. à thé (2 ml) de sel
- ½ c. à thé (2 ml) de cannelle moulue
- ⅓ tasse (80 ml) de pistaches

Poitrines de poulet. Dans un petit bol, mélanger la cannelle, le gingembre, le curcuma et la coriandre. Réserver. Dans une grande casserole, faire fondre le beurre à feu moyen. Ajouter les poitrines de poulet et cuire environ 5 minutes ou jusqu'à ce qu'elles soient dorées. Retourner le poulet, ajouter les oignons, l'eau, l'ail, le jus d'orange, le sel et les épices réservées et mélanger pour bien enrober la viande. Couvrir et porter à ébullition. Réduire à feu doux et cuire de 20 à 25 minutes ou jusqu'à ce que le poulet ait perdu sa teinte rosée à l'intérieur.

Quinoa. Entre-temps, mettre le quinoa dans une petite casserole, ajouter l'eau et porter à ébullition. Réduire à feu doux, couvrir et cuire pendant 10 minutes. Éteindre le feu et laisser reposer pendant 7 minutes sans découvrir la casserole. Retirer la casserole du feu et détacher les grains de quinoa avec une fourchette. Ajouter le beurre, le miel et le sel et mélanger pour bien enrober le quinoa. Incorporer la cannelle et les pistaches.

Au moment de servir, répartir le quinoa dans quatre assiettes. Garnir chaque portion d'une poitrine de poulet et napper du jus de cuisson. Les restes du poulet et du quinoa se conservent jusqu'à 2 jours au réfrigérateur.

4 portions

Poitrines de poulet à la sauge en croûte de quinoa

Mariant sauge fraîche et moutarde de Dijon, la sauce au gouda transforme ces poitrines de poulet en pur délice. Une salade arrosée d'une vinaigrette balsamique fera un bon complément.

Poitrines de poulet en croûte

- 3 c. à soupe (45 ml) de lait
- 2 c. à thé (10 ml) de moutarde de Dijon
- ½ c. à thé (2 ml) d'ail haché finement
- ¾ c. à thé (4 ml) de sauce Worcestershire
- ⅓ tasse (80 ml) de parmesan fraîchement râpé
- ½ tasse (125 ml) de flocons de quinoa
- 2 c. à thé (10 ml) de sauge fraîche, hachée finement
- ½ c. à thé (2 ml) de sel
- 4 poitrines de poulet désossées, sans peau

Sauce au gouda

- ¼ tasse (60 ml) de lait
- 2 c. à thé (10 ml) de farine de quinoa
- ¾ tasse (185 ml) de gouda râpé
- 4 c. à thé (20 ml) de sauge fraîche, hachée
- 1 c. à thé (5 ml) de moutarde de Dijon
- 1 pincée de sel et de poivre noir

Poitrines de poulet. Préchauffer le four à 400°F (200°C). Graisser légèrement une plaque de cuisson (ou la vaporiser d'huile végétale, ou la tapisser de papier-parchemin).

Dans un plat peu profond, bien mélanger le lait, la moutarde, l'ail et la sauce Worcestershire. Dans un autre plat peu profond, mélanger le parmesan, les flocons de quinoa, la sauge et le sel. Tremper les poitrines de poulet, une à la fois, dans le mélange de lait, puis les passer dans le mélange de quinoa en les retournant pour bien les enrober. Mettre les poitrines de poulet sur la plaque de cuisson et cuire au centre du four pendant 20 minutes ou jusqu'à ce qu'elles aient perdu leur teinte rosée à l'intérieur et que le jus qui s'en écoule soit clair.

Sauce. Dans une petite casserole, chauffer le lait et la farine à feu moyen en remuant souvent. À l'aide d'un fouet, incorporer le gouda, la sauge et la moutarde. Cuire, en fouettant souvent, de 3 à 4 minutes ou jusqu'à ce que la sauce ait épaissi. Ajouter le sel et le poivre. Servir le poulet nappé de la sauce.

4 portions

Roulades de poulet farcies à la méditerranéenne

Une petite salade d'épinards accompagnera à merveille ces poitrines de poulet farcies d'un mélange de quinoa, de fromage de chèvre, d'olives noires et de poivron.

- ¼ tasse (60 ml) de quinoa
- ½ tasse (125 ml) d'eau
- ¾ tasse (185 ml) de fromage de chèvre émietté
- 2 c. à soupe (30 ml) d'olives noires hachées
- 3 c. à soupe (45 ml) de poivron rouge coupé en dés
- 1 oignon vert coupé en tranches fines
- ¼ c. à thé (1 ml) de poivre noir
- 3 c. à thé (15 ml) d'origan séché
- 1 gros œuf
- 4 grosses poitrines de poulet désossées, sans peau
- 2 c. à soupe (30 ml) d'huile d'olive
- 2 c. à soupe (30 ml) de jus de citron fraîchement pressé
- ¼ c. à thé (1 ml) de sel

Préchauffer le four à 400°F (200°C). Mettre le quinoa dans une petite casserole, ajouter l'eau et porter à ébullition. Réduire à feu doux, couvrir et cuire pendant 10 minutes. Éteindre le feu et laisser reposer pendant 6 minutes sans découvrir la casserole. Détacher les grains de quinoa avec une fourchette.

Dans un bol, mélanger le quinoa cuit, le fromage de chèvre, les olives, le poivron, l'oignon vert, le poivre et 2 c. à thé (10 ml) de l'origan. Ajouter l'œuf et bien mélanger. À l'aide d'un maillet ou d'un poêlon à fond épais, aplatir les poitrines de poulet à environ ¼ po (5 mm) d'épaisseur. Mettre une cuillerée de la farce au fromage au centre de chaque poitrine de poulet, rouler et fixer avec un cure-dents. Déposer les roulades de poulet dans un plat de cuisson de 9 po x 13 po (23 cm x 33 cm).

Dans un petit bol, mélanger l'huile, le jus de citron, le sel et le reste de l'origan. Arroser les roulades de poulet de ce mélange. Cuire au centre du four pendant 20 minutes. Retirer du four et laisser reposer de 3 à 4 minutes avant de servir.

4 à 6 portions

Sauté de poulet au brocoli à la thaïe

4 poitrines de poulet désossées, sans peau (ou 8 hauts de cuisses de poulet désossés), coupées en lanières
¼ tasse (60 ml) de sauce soja (ou de sauce tamari sans gluten)
2 c. à soupe (30 ml) de sauce d'huîtres
1 c. à thé (5 ml) d'ail haché finement
1 c. à thé (5 ml) de gingembre moulu (ou 2 c. à thé/10 ml de gingembre frais, haché finement)
1 tasse (250 ml) de quinoa
2 tasses (500 ml) d'eau + ¾ tasse (185 ml)
4 c. à thé (20 ml) d'huile de sésame
2 tasses (500 ml) de bouquets de brocoli
1 tasse (250 ml) d'oignons coupés en tranches fines
3 c. à soupe (45 ml) de beurre d'arachide
1 c. à soupe (15 ml) de miel
1 tasse (250 ml) de noix de cajou non salées, grillées

Mettre le poulet dans un grand sac de plastique refermable. Dans un bol, mélanger la sauce soja, la sauce d'huîtres, l'ail et le gingembre. Verser ce mélange dans le sac et le fermer. Laisser mariner au réfrigérateur au moins 1 heure ou jusqu'à 24 heures.

Mettre le quinoa dans une casserole, ajouter 2 tasses (500 ml) de l'eau et porter à ébullition. Réduire à feu doux, couvrir et cuire pendant 10 minutes. Éteindre le feu et laisser reposer pendant 6 minutes sans découvrir la casserole. Détacher les grains de quinoa avec une fourchette. Réserver.

Dans une grande casserole, chauffer 2 c. à thé (10 ml) de l'huile à feu moyen. Ajouter le brocoli et les oignons. Couvrir et cuire, en remuant souvent, de 8 à 10 minutes ou jusqu'à ce qu'ils soient tendres (au besoin, ajouter 1 c. à soupe/15 ml d'eau). Réserver les légumes dans un bol.

Dans la casserole, chauffer le reste de l'huile à feu moyen-vif. Ajouter le poulet (réserver la marinade) et cuire de 7 à 8 minutes ou jusqu'à ce qu'il soit doré. Réduire à feu moyen, ajouter la marinade réservée, le reste de l'eau, le beurre d'arachide et le miel et poursuivre la cuisson pendant 1 minute. Ajouter les légumes réservés et mélanger pour bien les enrober.

Au moment de servir, répartir le quinoa réservé dans des assiettes. Garnir chaque portion de la préparation de poulet et parsemer des noix de cajou.

4 portions

Quinoa frit au poulet

Cette variante du traditionnel riz frit peut se préparer en version végé. Il suffit de remplacer le poulet par du tofu.

- ⅔ tasse (160 ml) de quinoa
- 1 ⅓ tasse (330 ml) d'eau
- 1 c. à thé (5 ml) d'huile végétale
- 2 gros œufs battus
- 2 c. à soupe (30 ml) d'huile de sésame
- 1 c. à thé (5 ml) d'ail haché finement
- 2 ½ tasses (625 ml) de poulet, de crevettes, de porc ou de tofu coupés en dés
- ½ tasse (125 ml) de céleri coupé en dés
- 1 tasse (250 ml) de poivron rouge coupé en dés (environ 1 poivron)
- ¾ tasse (185 ml) de petits pois surgelés, décongelés
- ½ tasse (125 ml) d'oignons verts coupés en tranches
- ¼ tasse (60 ml) de sauce soja (ou de sauce tamari sans gluten)

Mettre le quinoa dans une casserole, ajouter l'eau et porter à ébullition. Réduire à feu doux, couvrir et cuire pendant 10 minutes. Éteindre le feu et laisser reposer pendant 6 minutes sans découvrir la casserole. Détacher les grains de quinoa avec une fourchette. Réserver.

Dans un grand wok ou une grande casserole, chauffer l'huile végétale à feu moyen-vif. Verser les œufs et cuire jusqu'à ce qu'ils prennent comme une omelette (retourner une fois pour cuire l'omelette de l'autre côté). Couper l'omelette en fines lanières. Réserver dans un bol.

Dans le wok, chauffer 1 c. à soupe (15 ml) de l'huile de sésame à feu moyen-vif. Ajouter l'ail et le poulet et cuire jusqu'à ce que la viande soit bien dorée. Réserver dans un bol.

Dans le wok, chauffer le reste de l'huile de sésame à feu moyen. Ajouter le céleri et le faire sauter environ 4 minutes. Ajouter le poivron et les petits pois et poursuivre la cuisson pendant 3 minutes ou jusqu'à ce que les légumes soient tendres. Ajouter le quinoa réservé, les oignons verts, la sauce soja, puis l'omelette et le poulet réservés en soulevant délicatement la masse. Poursuivre la cuisson de 1 à 2 minutes pour réchauffer la préparation. Rectifier l'assaisonnement au besoin.

Donne 25 croquettes.

Croquettes de poulet au four

C'est connu, les enfants raffolent des croquettes de poulet. En voici une version santé faite maison que vous pourrez leur offrir sans regret. Le fait de tremper les croquettes dans le beurre avant de les enrober les rend tendres et croustillantes. Si vous désirez une version plus légère, sautez cette étape.

- ¼ tasse (60 ml) de quinoa blanc ou doré
- ½ tasse (125 ml) d'eau
- 1 lb (500 g) de poulet ou de dindon haché
- 1 c. à thé (5 ml) de sel
- ½ tasse (125 ml) de chapelure (ou de chapelure sans gluten)
- ⅓ tasse (80 ml) de parmesan fraîchement râpé
- ½ c. à thé (2 ml) de thym séché
- ½ c. à thé (2 ml) de basilic séché
- ½ tasse (125 ml) de beurre fondu (facultatif)

Mettre le quinoa dans une petite casserole, ajouter l'eau et porter à ébullition. Réduire à feu doux, couvrir et cuire pendant 10 minutes. Éteindre le feu et laisser reposer pendant 5 minutes sans découvrir la casserole. Détacher les grains de quinoa avec une fourchette et laisser refroidir à découvert.

Préchauffer le four à 400°F (200°C). Graisser légèrement une grande plaque de cuisson (ou la vaporiser d'huile végétale, ou la tapisser de papier-parchemin). Dans un bol, mélanger le poulet haché, le quinoa refroidi et le sel. Dans un plat peu profond, mélanger la chapelure, le parmesan, le thym et le basilic.

Environ 1 c. à soupe (15 ml) à la fois, façonner la préparation de poulet en croquettes ovales et les aplatir à ½ po (1 cm) d'épaisseur. Tremper les croquettes dans le beurre, si désiré, puis les passer dans le mélange de chapelure en les retournant pour bien les enrober. Déposer les croquettes de poulet sur la plaque de cuisson et cuire au centre du four pendant 10 minutes. Retourner les croquettes et poursuivre la cuisson pendant 10 minutes. Servir chaud avec vos trempettes préférées.

4 à 6 portions

Poivrons farcis au dindon

Pour une version végétarienne, remplacez le dindon par des protéines de soja précuites de type sans-viande hachée.

- ⅓ tasse (80 ml) de quinoa
- ⅔ tasse (160 ml) d'eau
- + 1/2 tasse (125 ml)
- 4 poivrons verts coupés en deux sur la longueur
- 2 c. à soupe (30 ml) d'huile d'olive ou d'huile végétale
- 1 lb (500 g) de dindon haché
- 1 tasse (250 ml) d'oignons coupés en dés
- 1 ½ c. à thé (7 ml) de fines herbes séchées à l'italienne
- 1 c. à thé (5 ml) d'ail haché finement
- 3 c. à soupe (45 ml) de pâte de tomates
- ¼ tasse (60 ml) de parmesan fraîchement râpé
- 1 tasse (250 ml) de fromage mozzarella partiellement écrémé, râpé

Mettre le quinoa dans une petite casserole, ajouter ⅔ tasse (160 ml) de l'eau et porter à ébullition. Réduire à feu doux, couvrir et cuire pendant 10 minutes. Éteindre le feu et laisser reposer pendant 6 minutes sans découvrir la casserole. Détacher les grains de quinoa avec une fourchette et laisser refroidir à découvert. Réserver.

Préchauffer le four à 350°F (180°C). Graisser un plat de cuisson de 9 po x 13 po (23 cm x 33 cm) ou le vaporiser d'huile végétale. Dans une grande casserole d'eau bouillante, cuire les poivrons pendant 2 minutes ou jusqu'à ce qu'ils soient tendres mais encore croquants. Laisser égoutter sur un linge.

Chauffer une grande poêle à feu moyen-vif. Ajouter l'huile, le dindon haché, les oignons, les fines herbes et l'ail et cuire pendant 8 minutes ou jusqu'à ce que les oignons soient tendres et que le dindon ait perdu sa teinte rosée. Ajouter le quinoa réservé, la pâte de tomates, le parmesan et le reste de l'eau et bien mélanger.

Farcir les demi-poivrons égouttés de la préparation de dindon et les mettre dans le plat de cuisson. Parsemer uniformément le dessus des poivrons du fromage mozzarella. Cuire au four de 15 à 20 minutes ou jusqu'à ce que les poivrons soient tendres et que la farce soit chaude.

4 à 6 portions

Côtelettes de porc glacées au jus de pomme

Ces côtelettes seront encore plus savoureuses si on les fait mariner toute une nuit. À servir avec des haricots verts ou des choux de Bruxelles cuits à la vapeur.

- 1 tasse (250 ml) de jus de pomme
- ¼ tasse (60 ml) d'huile végétale
- 3 c. à soupe (45 ml) de sauce soja (ou de sauce tamari sans gluten)
- 1 c. à thé (5 ml) d'ail haché finement
- 1 ½ c. à thé (7 ml) de gingembre frais, râpé
- ¼ c. à thé (1 ml) de sel
- 6 côtelettes de porc de 1 po (2,5 cm) d'épaisseur
- 1 tasse (250 ml) de quinoa
- 3 tasses (750 ml) d'eau
- ¾ tasse (185 ml) de cassonade tassée
- 2 c. à soupe (30 ml) de fécule de maïs
- 1 c. à thé (5 ml) de graines de sésame

Dans un grand sac de plastique refermable, bien mélanger le jus de pomme, l'huile, la sauce soja, l'ail, le gingembre et le sel. Ajouter les côtelettes de porc et fermer le sac. Laisser mariner au réfrigérateur au moins 2 heures ou jusqu'au lendemain.

Mettre le quinoa dans une casserole, ajouter 2 tasses (500 ml) de l'eau et porter à ébullition. Réduire à feu doux, couvrir et cuire pendant 10 minutes. Éteindre le feu et laisser reposer pendant 6 minutes sans découvrir la casserole. Retirer la casserole du feu et détacher les grains de quinoa avec une fourchette. Réserver.

Verser la marinade des côtelettes dans une casserole. Ajouter le reste de l'eau et la cassonade. À l'aide d'un fouet, incorporer la fécule de maïs. Porter à ébullition à feu moyen-vif, en fouettant souvent, et laisser bouillir au moins 1 minute ou jusqu'à ce que la sauce soit claire et qu'elle ait suffisamment épaissi pour napper le dos d'une cuillère. Retirer la casserole du feu.

Préchauffer le barbecue à intensité moyenne et vaporiser légèrement la grille d'huile végétale. Faire griller les côtelettes de 5 à 6 minutes de chaque côté en les badigeonnant de la sauce pendant les dernières minutes de cuisson. Retirer les côtelettes du barbecue et laisser reposer 5 minutes avant de servir.

Au moment de servir, répartir le quinoa réservé dans des assiettes. Garnir chaque portion d'une côtelette de porc, napper de la sauce et parsemer des graines de sésame.

4 à 6 portions

Sauté de bœuf aux poivrons façon péruvienne

Cette recette santé et vite faite s'inspire du lomo saltado, *un plat péruvien traditionnel, qui est en fait un sauté de bœuf et de légumes habituellement servi avec du riz et des frites.*

- 1 tasse (250 ml) de quinoa
- 2 tasses (500 ml) d'eau
- 2 c. à soupe (30 ml) d'huile végétale ou d'huile d'olive
- 1 lb (500 g) de bifteck de surlonge coupé en lanières de ³⁄₄ po (2 cm) d'épaisseur
- ¹⁄₄ c. à thé (1 ml) de poivre noir
- 1 ¹⁄₂ tasse (375 ml) d'oignon rouge coupé en tranches épaisses
- 1 ¹⁄₂ tasse (375 ml) de poivrons verts coupés en tranches épaisses
- 2 c. à soupe (30 ml) de piment jalapeño haché finement
- 2 ¹⁄₂ tasses (625 ml) de bouillon de bœuf
- ¹⁄₄ tasse (60 ml) de vin rouge
- 2 c. à soupe (30 ml) de fécule de maïs
- 1 tasse (250 ml) de tomates cerises coupées en deux
- ¹⁄₄ tasse (60 ml) de coriandre fraîche, hachée
- brins de coriandre fraîche (facultatif)

Mettre le quinoa dans une casserole, ajouter l'eau et porter à ébullition. Réduire à feu doux, couvrir et cuire pendant 10 minutes. Éteindre le feu et laisser reposer pendant 6 minutes sans découvrir la casserole. Détacher les grains de quinoa avec une fourchette. Réserver.

Chauffer une grande casserole à feu moyen-vif et ajouter 1 c. à soupe (15 ml) de l'huile. Lorsque l'huile est chaude, ajouter les lanières de bœuf, les parsemer du poivre et les faire sauter de 5 à 7 minutes ou jusqu'à ce qu'elles aient perdu leur teinte rosée. Réserver dans un bol.

Dans la casserole, chauffer le reste de l'huile et faire sauter l'oignon, les poivrons et le piment jalapeño de 7 à 10 minutes. Ajouter 2 tasses (500 ml) du bouillon et le vin et porter à ébullition, puis réduire à feu doux. Dans un petit bol, délayer la fécule de maïs dans le reste du bouillon. Verser ce mélange dans la casserole en remuant bien et cuire jusqu'à ce que la sauce ait épaissi. Ajouter les lanières de bœuf réservées, les tomates et la coriandre et mélanger.

Au moment de servir, répartir le quinoa réservé dans des assiettes. Garnir chaque portion de la préparation de bœuf et parsemer de brins de coriandre, si désiré.

4 à 6 portions

Chili classique

Pour une version végé, vous pouvez omettre la viande ou la remplacer par des protéines de soja précuites de type sans-viande hachée. Congelez ce chili dans des contenants individuels pour des repas express et servez-le avec vos garnitures favorites.

- 1 c. à soupe (15 ml) d'huile d'olive
- 1 lb (500 g) de bœuf haché maigre, de bison ou de dindon haché
- 1 tasse (250 ml) d'oignons blancs coupés en dés
- 1 tasse (250 ml) de poivron vert coupé en dés (environ 1 poivron)
- 1 c. à thé (5 ml) d'ail haché finement
- 1 boîte de 28 oz (796 ml) de tomates en dés
- 1 boîte de 19 oz (540 ml) de haricots noirs, égouttés et rincés
- 1 boîte de 14 oz (398 ml) de haricots rouges, égouttés et rincés
- ½ tasse (125 ml) de quinoa
- 1 boîte de 5 ½ oz (156 ml) de pâte de tomates
- 1 tasse (250 ml) d'eau
- 3 c. à soupe (45 ml) d'assaisonnement au chili
- 1 c. à thé (5 ml) de poudre de cacao
- ½ c. à thé (2 ml) d'origan séché
- ¼ c. à thé (1 ml) de cumin moulu
- ¼ c. à thé (1 ml) de sel
- ¼ c. à thé (1 ml) de poivre noir
- 2 c. à soupe (30 ml) de vinaigre blanc
- garnitures au choix (facultatif): crème sure, guacamole, cheddar, oignons verts, pointes de tortillas grillées ou croustilles de maïs

Dans une grande casserole, chauffer l'huile à feu moyen. Ajouter le bœuf haché et le faire dorer. Ajouter les oignons, le poivron et l'ail, couvrir et cuire pendant 5 minutes ou jusqu'à ce que les oignons commencent à ramollir.

Ajouter les tomates, les haricots noirs et rouges, le quinoa, la pâte de tomates et l'eau. Incorporer l'assaisonnement au chili, le cacao, l'origan, le cumin, le sel et le poivre. Porter à ébullition, réduire à feu doux et cuire à découvert pendant 20 minutes. Retirer la casserole du feu. Incorporer le vinaigre. Servir le chili avec les garnitures de votre choix, si désiré.

6 portions

Tilapia aux légumes rôtis

Les légumes rôtis au vinaigre balsamique sont un complément sur mesure pour ce poisson au goût léger.

- 1 tasse (250 ml) de quinoa
- 2 tasses (500 ml) d'eau
- 2 c. à soupe (30 ml) d'huile d'olive ou d'huile végétale
- ¼ tasse (60 ml) d'oignon rouge coupé en dés
- 1 ½ tasse (375 ml) de champignons de Paris coupés en quatre
- 1 tasse (250 ml) de courgette coupée en dés
- 1 tasse (250 ml) de poivron rouge coupé en dés (environ 1 poivron)
- 2 c. à thé (10 ml) d'ail haché finement
- ½ c. à thé (2 ml) de sel
- 1 pincée de poivre noir
- 2 c. à soupe (30 ml) de vinaigre balsamique
- 6 filets de tilapia surgelés

Mettre le quinoa dans une casserole, ajouter l'eau et porter à ébullition. Réduire à feu doux, couvrir et cuire pendant 10 minutes. Éteindre le feu et laisser reposer pendant 6 minutes sans découvrir la casserole. Détacher les grains de quinoa avec une fourchette. Réserver.

Préchauffer le four à 450°F (230°C). Graisser légèrement un plat de cuisson de 9 po x 13 po (23 cm x 33 cm) (ou le vaporiser d'huile végétale, ou le tapisser de papier-parchemin). Dans une casserole, chauffer l'huile à feu moyen-vif. Ajouter l'oignon et le faire sauter pendant 3 minutes. Ajouter les champignons, la courgette, le poivron, l'ail, le sel et le poivre et poursuivre la cuisson pendant 3 minutes. Retirer la casserole du feu. Ajouter le vinaigre et mélanger pour bien enrober les légumes.

Étendre les filets de tilapia dans le plat de cuisson et répartir les légumes sur chacun. Cuire au centre du four, à découvert, pendant 20 minutes ou jusqu'à ce que la chair du poisson soit opaque et se défasse facilement à la fourchette.

Au moment de servir, répartir le quinoa réservé dans six assiettes. Garnir chaque portion d'un filet de tilapia.

4 portions

Filets de saumon sur lit d'asperges, sauce crémeuse à la lime et à la coriandre

⅓ tasse (80 ml) de quinoa rouge
⅔ tasse (160 ml) d'eau
½ tasse (125 ml) de crème sure légère
3 c. à soupe (45 ml) de mayonnaise légère
1 c. à thé (5 ml) de zeste de lime râpé
2 c. à soupe (30 ml) de jus de lime fraîchement pressé
1 c. à thé (5 ml) de gingembre frais, râpé
1 c. à soupe (15 ml) de coriandre fraîche, hachée finement
1 pincée de sel (environ)
4 filets de saumon de 4 oz (125 g) chacun, d'environ 1 po (2,5 cm) d'épaisseur
huile végétale
1 lb (500 g) d'asperges
1 c. à soupe (15 ml) de beurre

Mettre le quinoa dans une petite casserole, ajouter l'eau et porter à ébullition. Réduire à feu doux, couvrir et cuire pendant 10 minutes. Éteindre le feu et laisser reposer pendant 6 minutes sans découvrir la casserole. Détacher les grains de quinoa avec une fourchette. Réserver.

Dans un petit bol, bien mélanger la crème sure, la mayonnaise, le zeste de lime, 1 c. à soupe (15 ml) du jus de lime, le gingembre, la coriandre et le sel. Réserver.

Préchauffer le four à 375°F (190°C). Mettre les filets de saumon sur une plaque de cuisson tapissée de papier d'aluminium et les badigeonner d'huile. Cuire au centre du four, à découvert, de 11 à 14 minutes ou jusqu'à ce que la chair du saumon soit opaque et se défasse facilement à la fourchette.

Entre-temps, préparer les asperges: casser la partie dure des asperges en pliant chaque tige environ au tiers de la base (la tige se cassera à la jonction des parties dure et tendre). Dans une grande casserole d'eau bouillante, cuire les asperges de 3 à 5 minutes ou jusqu'à ce qu'elles soient tendres mais encore croquantes. Égoutter les asperges et les remettre dans la casserole. Les mélanger avec le beurre et le reste du jus de lime pour bien les enrober. Saler au goût.

Au moment de servir, répartir les asperges dans quatre assiettes. Répartir le quinoa réservé sur les asperges et couvrir d'un filet de saumon. Napper de la sauce à la lime réservée.

4 à 6 portions

Gratin de thon et de champignons

1 tasse (250 ml) de quinoa
2 tasses (500 ml) d'eau
3 c. à soupe (45 ml) de beurre
¾ tasse (185 ml) d'oignon blanc coupé en petits dés
¾ tasse (185 ml) de céleri coupé en petits dés
2 tasses (500 ml) de champignons de Paris hachés
½ c. à thé (2 ml) d'ail haché finement
2 tasses (500 ml) de lait
¼ tasse (60 ml) de farine de quinoa
¼ c. à thé (1 ml) de sel
1 pincée de poivre noir
2 boîtes de 6 oz (170 g) de thon pâle émietté, égoutté
1 tasse (250 ml) de petits pois surgelés, décongelés
1 ¼ tasse (310 ml) de cheddar râpé
¼ tasse (60 ml) d'oignons verts coupés en tranches fines

Mettre le quinoa dans une casserole, ajouter l'eau et porter à ébullition. Réduire à feu doux, couvrir et cuire pendant 10 minutes. Éteindre le feu et laisser reposer pendant 6 minutes sans découvrir la casserole. Détacher les grains de quinoa avec une fourchette. Laisser refroidir à découvert. Réserver.

Préchauffer le four à 350°F (180°C). Graisser un plat de cuisson de 9 po x 13 po (23 cm x 33 cm) ou le vaporiser d'huile végétale. Dans une grande casserole, faire fondre 1 c. à soupe (15 ml) du beurre à feu moyen. Ajouter l'oignon et le céleri et les faire sauter pendant 8 minutes ou jusqu'à ce que l'oignon soit translucide. Ajouter les champignons et l'ail et poursuivre la cuisson pendant 5 minutes ou jusqu'à ce que les légumes soient tendres. Retirer la casserole du feu. Réserver.

Dans une autre casserole, mélanger le reste du beurre, le lait, la farine, le sel et le poivre. Cuire à feu moyen-vif, en remuant souvent, pendant 5 minutes ou jusqu'à ce que la sauce ait épaissi. Retirer la casserole du feu.

Ajouter le quinoa réservé dans la casserole contenant les légumes. Ajouter la sauce blanche, le thon, les petits pois et 1 tasse (250 ml) du cheddar et bien mélanger. Verser la préparation de thon dans le plat de cuisson. Parsemer du reste du cheddar et des oignons verts. Cuire au centre du four pendant 25 minutes ou jusqu'à ce que la préparation soit bouillonnante.

2 portions

Crevettes au poivron rouge, sauce au parmesan

Même si ce plat est meilleur préparé avec des herbes fraîches, vous pouvez les remplacer par 2 c. à thé (10 ml) chacun de basilic et de thym séchés, que vous ajouterez en même temps que la crème. Utilisez 2 tasses (500 ml) de haricots de soja en conserve, égouttés et rincés, à la place des crevettes pour une version végétarienne. Si vous désirez plus de légumes, vous pouvez en ajouter autant que vous le voulez.

- ½ tasse (125 ml) de quinoa
- 1 tasse (250 ml) d'eau
- 1 tasse (250 ml) de crème à 10 %
- ½ c. à thé (2 ml) de sauce Worcestershire
- ½ tasse (125 ml) de vin blanc sec
- 2 c. à soupe (30 ml) de basilic frais, haché
- 2 c. à soupe (30 ml) de thym frais, haché
- ⅔ tasse (160 ml) de parmesan fraîchement râpé
- 1 c. à soupe (15 ml) d'huile végétale
- 1 tasse (250 ml) d'oignons blancs hachés finement
- 1 c. à thé (5 ml) d'ail haché finement
- 1 gros poivron rouge, coupé en dés
- 1 lb (500 g) de crevettes cuites, décortiquées (fraîches ou surgelées, décongelées)
- ½ tasse (125 ml) de graines de citrouille non salées

Mettre le quinoa dans une casserole, ajouter l'eau et porter à ébullition. Réduire à feu doux, couvrir et cuire pendant 10 minutes. Éteindre le feu et laisser reposer pendant 4 minutes sans découvrir la casserole. Détacher les grains de quinoa avec une fourchette. Réserver.

Dans une autre casserole, à l'aide d'un fouet, mélanger la crème, la sauce Worcestershire et le vin et cuire à feu moyen-doux pendant 4 minutes. Incorporer le basilic, le thym et le parmesan et laisser mijoter à feu doux pendant 3 minutes. Réserver la sauce.

Dans une grande poêle, chauffer l'huile à feu moyen. Ajouter les oignons et les faire sauter pendant 5 minutes. Ajouter l'ail et le poivron et poursuivre la cuisson de 3 à 4 minutes ou jusqu'à ce que les oignons soient tendres. Ajouter les crevettes, le quinoa réservé et les graines de citrouille et réchauffer en remuant. Napper la préparation de crevettes de la sauce au parmesan réservée. La préparation de crevettes et la sauce se conservent jusqu'au lendemain au réfrigérateur dans des contenants hermétiques séparés.

Donne 20 témakis.

Témakis faciles au quinoa

Les témakis sont les sushis les plus faciles à réaliser. Roulés à la main en forme de cornet, ils n'ont pas leur pareil pour décorer les assiettes quand on reçoit. Comme il est préférable de les préparer juste avant de les servir, vous devrez les rouler un peu avant votre réception ou laisser vos invités faire leur propre témaki avec les garnitures de leur choix. Servez le wasabi, un peu de gingembre et la sauce tamari à part. Nous vous proposons ici notre combinaison favorite de garnitures, mais rien ne vous empêche de faire la vôtre. Pourquoi ne pas remplacer le crabe par du thon ou du saumon (comme sur la photo), ou ajouter des champignons enoki? Pour une version sans gluten, utilisez de la sauce tamari et du vrai crabe plutôt que du simili-crabe.

- 1 tasse (250 ml) de quinoa blanc ou doré
- 2 tasses (500 ml) d'eau
- 6 c. à soupe (90 ml) de vinaigre de riz blanc
- 1 ½ c. à thé (7 ml) de miel
- ¼ c. à thé (1 ml) de sel
- 1 paquet de 10 feuilles d'algues nori (1 oz/28 g)
- 1 avocat coupé en 20 lanières
- ¼ tasse (60 ml) de carotte coupée en julienne ou râpée
- 1 c. à soupe (15 ml) de tranches de gingembre mariné, coupées en fines lanières
- 1 tasse (250 ml) de crabe ou de simili-crabe déchiqueté (ou 2 œufs battus, cuits en omelette et coupés en lanières, ou tofu extra-ferme coupé en lanières)
- 2 c. à soupe (30 ml) de graines de sésame noires ou blanches, grillées
- sauce tamari sans gluten ou sauce soja
- wasabi (facultatif)

Mettre le quinoa dans une casserole, ajouter l'eau et porter à ébullition. Réduire à feu doux, couvrir et cuire pendant 10 minutes. Éteindre le feu et laisser reposer pendant 10 minutes sans découvrir la casserole pour permettre à la chaleur résiduelle de terminer la cuisson et de bien faire gonfler le quinoa. Détacher les grains avec une fourchette.

suite à la page 102 . . .

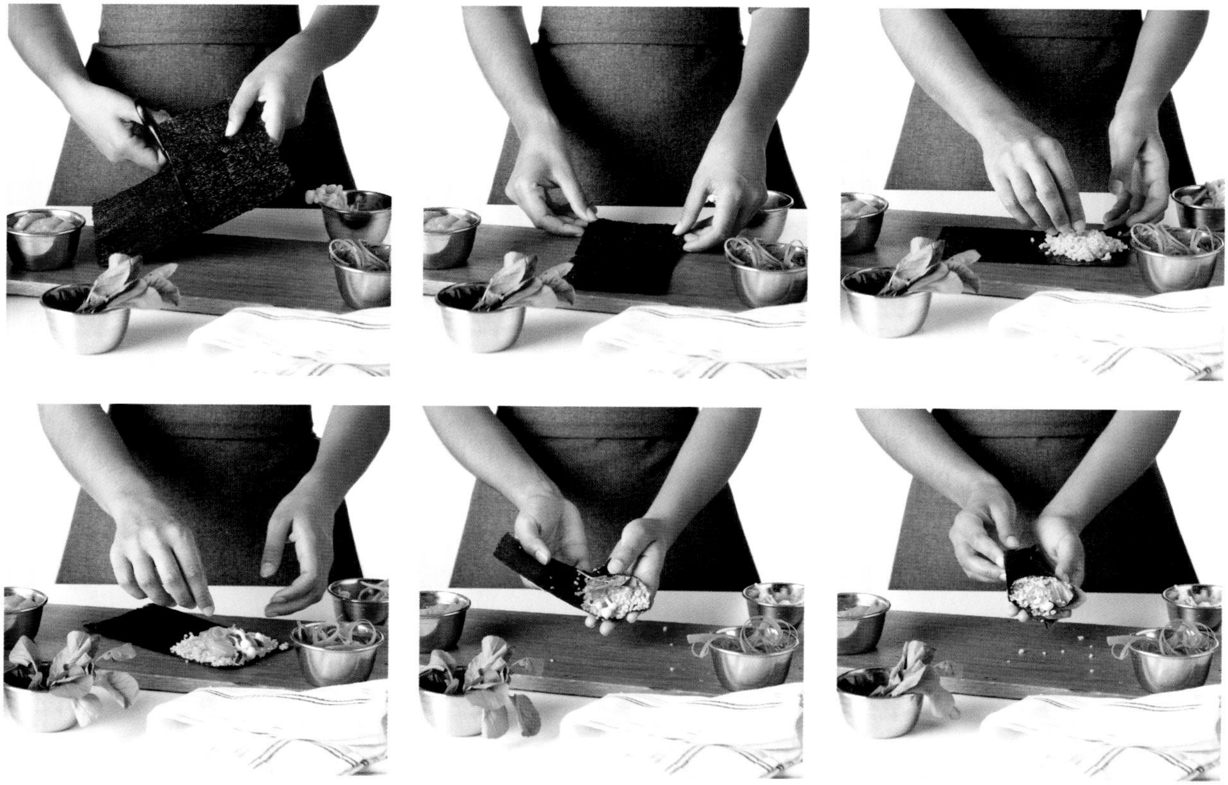

suite de la page 100

Entre-temps, dans une petite casserole sur la cuisinière (ou dans un petit bol au micro-ondes), chauffer le vinaigre avec le miel et le sel jusqu'à ce que le mélange soit chaud et que le miel et le sel soient dissous. Verser ce mélange sur le quinoa chaud et mélanger pour bien le répartir. Laisser refroidir à découvert jusqu'à ce que le quinoa soit à la température ambiante.

Couper une feuille d'algue en deux avec des ciseaux (vos mains doivent être bien sèches). Sur une planche à découper ou une surface de travail, étendre un morceau de feuille d'algue, le côté rugueux sur le dessus. Étendre 2 c. à soupe (30 ml) du quinoa refroidi sur la moitié gauche de la feuille en laissant une bordure de ½ po (1 cm) sur les côtés. Ajouter une lanière d'avocat et garnir d'un peu de la julienne de carotte, du gingembre et du crabe.

Ramener le coin inférieur gauche de la feuille d'algue vers le haut, au centre de la feuille, puis rouler de manière à former un cornet. Humecter le bord intérieur de la feuille d'algue avec le doigt et presser délicatement pour la coller. Parsemer le témaki de quelques graines de sésame. Déposer le témaki dans une assiette et placer un poids (le rebord d'une soucoupe, par exemple) sur la partie collée pour la faire bien adhérer. Répéter avec le reste des ingrédients. Accompagner de sauce tamari et de wasabi, si désiré.

4 à 6 portions

Soufflé au brocoli et au fromage de chèvre

- ¼ tasse (60 ml) de quinoa rouge
- ½ tasse (125 ml) d'eau
- 2 tasses (500 ml) de bouquets de brocoli hachés finement
- 1 c. à soupe (15 ml) d'huile d'olive
- 1 c. à soupe (15 ml) de beurre
- 2 c. à soupe (30 ml) de farine de quinoa
- 1 ¼ tasse (310 ml) de lait à 1 % ou à 2 %
- 1 c. à thé (5 ml) de moutarde de Dijon
- ¼ c. à thé (1 ml) de romarin séché
- ½ tasse (125 ml) de fromage de chèvre émietté
- 3 gros œufs, jaunes et blancs séparés
- 2 gros blancs d'œufs
- ¼ c. à thé (1 ml) de crème de tartre
- 3 brins de romarin frais (facultatif)

Mettre le quinoa dans une petite casserole, ajouter l'eau et porter à ébullition. Réduire à feu doux, couvrir et cuire pendant 10 minutes. Éteindre le feu et laisser reposer pendant 5 minutes sans découvrir. Détacher les grains avec une fourchette et laisser refroidir à découvert.

Préchauffer le four à 375°F (190°C). Graisser un moule à soufflé ou un moule rond de 8 po (20 cm) ou le vaporiser d'huile végétale. Cuire le brocoli à la vapeur sur la cuisinière (ou au micro-ondes) jusqu'à ce qu'il soit tendre mais encore croquant. Réserver.

Dans une grande casserole, chauffer l'huile avec le beurre à feu moyen-vif. À l'aide d'un fouet, incorporer la farine. Cuire en fouettant pendant 2 minutes. Ajouter le lait, la moutarde et le romarin et poursuivre la cuisson, en fouettant sans arrêt, de 1 à 2 minutes ou jusqu'à ce que le mélange ait épaissi. Retirer la casserole du feu. Incorporer le fromage de chèvre, ½ tasse (125 ml) du quinoa et les 3 jaunes d'œufs et fouetter jusqu'à ce que la préparation soit homogène. Verser dans un grand bol.

Dans un autre bol, à l'aide d'un batteur électrique, battre les 5 blancs d'œufs à vitesse maximum jusqu'à ce qu'ils forment des pics mous. Ajouter la crème de tartre et battre jusqu'à ce qu'ils forment des pics fermes. À l'aide d'une spatule en caoutchouc, incorporer la moitié des blancs d'œufs à la préparation de lait en soulevant délicatement la masse. Incorporer le reste des blancs d'œufs et le brocoli de la même manière jusqu'à ce qu'il n'y ait plus de trace de blancs d'œufs. Verser dans le moule.

Cuire au centre du four pendant 30 minutes ou jusqu'à ce que le soufflé soit gonflé et ferme au toucher. Garnir de romarin frais, si désiré. Servir aussitôt.

4 à 6 portions

Soufflé au fromage

Un plat passe-partout qui se prépare en un rien de temps, à condition de penser à égoutter les courgettes la veille. Du quinoa de couleur, surtout le noir, donnera un look incomparable à ce régal léger comme l'air.

- 4 tasses (1 L) de courgettes pelées et râpées
- ½ tasse (125 ml) de quinoa
- 1 tasse (250 ml) d'eau
- 4 gros œufs
- ¼ c. à thé (1 ml) de poivre noir
- ¼ c. à thé (1 ml) d'ail en poudre
- ½ c. à thé (2 ml) de sel
- 2 c. à soupe (30 ml) de persil frais, haché
- ½ tasse (125 ml) de poivron rouge coupé en dés
- 1 tasse (250 ml) de fromage monterey jack râpé

Mettre les courgettes dans une grande passoire placée sur un bol et laisser égoutter jusqu'au lendemain (jeter le liquide).

Mettre le quinoa dans une petite casserole, ajouter l'eau et porter à ébullition. Réduire à feu doux, couvrir et cuire pendant 10 minutes. Éteindre le feu et laisser reposer pendant 5 minutes sans découvrir la casserole. Détacher les grains de quinoa avec une fourchette et laisser refroidir à découvert.

Préchauffer le four à 350°F (180°C). Graisser légèrement un moule à soufflé ou un moule rond de 9 po (23 cm) ou le vaporiser d'huile végétale. Dans un grand bol, à l'aide d'un fouet, mélanger les œufs, le poivre, l'ail en poudre, le sel et le persil. Ajouter les courgettes égouttées, le quinoa refroidi, le poivron et le fromage et bien mélanger. Verser ce mélange dans le moule à soufflé.

Cuire au centre du four de 50 à 60 minutes ou jusqu'à ce que le dessus du soufflé soit bien doré et que le centre soit ferme au toucher. Retirer du four et laisser refroidir sur la cuisinière au moins 10 minutes avant de servir.

4 à 6 portions

Quiche aux tomates et au basilic sans croûte

Si vous préférez une quiche traditionnelle, préparez-la avec votre recette de pâte à tarte habituelle.

- 1/3 tasse (80 ml) de quinoa
- 2/3 tasse (160 ml) d'eau
- 1 c. à thé (5 ml) d'huile végétale ou d'huile d'olive
- 1 tasse (250 ml) d'oignons coupés en dés
- 1/4 tasse (60 ml) de farine de quinoa ou de farine tout usage
- 4 gros œufs
- 2 c. à soupe (30 ml) de basilic frais, haché finement (ou 2 c. à thé/10 ml de basilic séché)
- 1 1/2 tasse (375 ml) de tomates italiennes épépinées et coupées en dés (environ 3 tomates)
- 1/4 tasse (60 ml) de lait ou de crème à 10 %
- 1 tasse (250 ml) de fromage mozzarella râpé
- 1/3 tasse (80 ml) de parmesan fraîchement râpé
- 1/4 c. à thé (1 ml) de sel
- 1 pincée de poivre noir

Mettre le quinoa dans une petite casserole, ajouter l'eau et porter à ébullition. Réduire à feu doux, couvrir et cuire pendant 10 minutes. Éteindre le feu et laisser reposer pendant 5 minutes sans découvrir la casserole. Détacher les grains de quinoa avec une fourchette. Réserver.

Préchauffer le four à 350°F (180°C). Graisser légèrement un moule à tarte profond de 9 po (23 cm) ou le vaporiser d'huile végétale. Dans une grande poêle, chauffer l'huile à feu moyen-doux. Ajouter les oignons et les faire sauter pendant 10 minutes ou jusqu'à ce qu'ils soient tendres.

Dans un grand bol, à l'aide d'un fouet, mélanger la farine et les œufs. Ajouter le quinoa réservé, le basilic, les tomates, le lait, le fromage mozzarella, le parmesan, le sel, le poivre et les oignons sautés et bien mélanger. Verser ce mélange dans le moule à tarte.

Cuire au centre du four pendant 50 minutes ou jusqu'à ce que le centre de la quiche soit ferme. Retirer du four et laisser refroidir 10 minutes. Passer la lame d'un couteau sur le pourtour de la quiche et la couper en pointes. Servir chaud ou froid. Le reste de la quiche se conserve jusqu'au lendemain au réfrigérateur pour un lunch ou un souper express.

4 à 6 portions

Quiche au brocoli et au fromage

Cette quiche super facile se prépare avec un minimum d'efforts. Vous pouvez lui donner la saveur que vous voulez en remplaçant le brocoli par vos légumes préférés.

Croûte au quinoa

- 1 tasse (250 ml) de farine de quinoa
- ½ tasse (125 ml) de beurre fondu, légèrement refroidi
- 1 c. à soupe (15 ml) d'eau

Garniture au brocoli

- 1 c. à soupe (15 ml) de beurre
- 2 tasses (500 ml) de brocoli (ou d'asperges) haché
- 1 tasse (250 ml) d'oignons hachés finement
- 1 c. à thé (5 ml) d'ail haché finement
- 1 tasse (250 ml) de cheddar vieilli, râpé
- 4 gros œufs
- ¼ tasse (60 ml) de lait
- 1 c. à soupe (15 ml) de farine de quinoa
- ½ c. à thé (2 ml) de sel
- ¼ c. à thé (1 ml) de poivre noir

Croûte. Préchauffer le four à 350°F (180°C). Graisser un moule à tarte profond de 9 po (23 cm) ou le vaporiser d'huile végétale. Dans un bol, bien mélanger la farine et le beurre. Ajouter l'eau et travailler le mélange avec les mains jusqu'à ce qu'il forme une pâte molle. Presser uniformément la pâte dans le moule à tarte.

Garniture. Dans une casserole, faire fondre le beurre à feu moyen-doux. Ajouter le brocoli, les oignons et l'ail et les faire sauter pendant 8 minutes ou jusqu'à ce que les légumes soient tendres. Étendre uniformément les légumes sur la croûte et les parsemer du cheddar. Dans un bol, à l'aide d'un fouet, mélanger les œufs, le lait, la farine, le sel et le poivre. Verser ce mélange sur les légumes.

Cuire au centre du four pendant 30 minutes ou jusqu'à ce que le centre de la quiche ait pris. Retirer du four et laisser reposer de 8 à 10 minutes avant de couper en pointes. Le reste de la quiche se conserve jusqu'à 3 jours au réfrigérateur.

6 à 8 portions

Frittata au fromage et aux épinards

Vous pouvez préparer cette frittata avec n'importe quel type de fromage, mais elle sera meilleure avec un fromage goûteux comme le cheddar vieilli utilisé ici.

- ¼ tasse (60 ml) de quinoa
- ½ tasse (125 ml) d'eau
- 4 gros œufs
- ¾ tasse (185 ml) de jambon coupé en petits dés
- 1 tasse (250 ml) de fromage cottage à 2 %
- 1 paquet de 10 oz (300 g) d'épinards hachés surgelés, décongelés et égouttés
- 1 ½ tasse (375 ml) de cheddar vieilli, râpé

Mettre le quinoa dans une casserole, ajouter l'eau et porter à ébullition. Réduire à feu doux, couvrir et cuire pendant 10 minutes. Éteindre le feu et laisser reposer pendant 6 minutes sans découvrir la casserole. Détacher les grains de quinoa avec une fourchette. Laisser refroidir à découvert.

Préchauffer le four à 350°F (180°C). Graisser un moule à tarte profond de 9 po (23 cm) ou le vaporiser d'huile végétale. Dans un grand bol, battre les œufs. Ajouter le quinoa refroidi, le jambon, le fromage cottage, les épinards et le cheddar et mélanger. Verser ce mélange dans le moule à tarte.

Cuire au centre du four de 50 à 60 minutes ou jusqu'à ce que le centre de la frittata soit ferme et que le pourtour soit doré. Retirer du four et laisser reposer pendant 10 minutes avant de couper en pointes. Servir chaud ou froid.

4 portions

Frittata façon spanakopita

Épinards, oignons, fromage feta et œufs composent cette frittata sans croûte qui s'inspire de la spanakopita, une savoureuse tarte grecque.

- 1 c. à soupe (15 ml) d'huile d'olive
- 1 tasse (250 ml) d'oignons verts ou d'oignons blancs hachés finement
- 1 paquet de 10 oz (300 g) d'épinards hachés surgelés, décongelés et égouttés
- 4 gros œufs
- ½ tasse (125 ml) de farine de quinoa
- 1 ½ tasse (375 ml) de fromage cottage à 2 %
- 1 ½ tasse (375 ml) de fromage feta émietté
- 2 c. à soupe (30 ml) d'aneth frais, haché
- 1 c. à thé (5 ml) d'ail haché finement
- ¼ c. à thé (1 ml) de sel
- ¼ c. à thé (1 ml) de poivre noir

Préchauffer le four à 350°F (180°C). Graisser un moule à tarte profond de 9 po (23 cm) ou le vaporiser d'huile végétale. Dans une grande casserole, chauffer l'huile à feu moyen-doux. Ajouter les oignons verts et les faire sauter jusqu'à ce qu'ils soient tendres. Ajouter les épinards et poursuivre la cuisson de 4 à 5 minutes ou jusqu'à ce que leur liquide se soit évaporé. Retirer la casserole du feu et laisser refroidir environ 5 minutes.

Dans un bol, à l'aide d'un fouet, mélanger les œufs et la farine jusqu'à ce que le mélange soit lisse. Ajouter la préparation d'épinards refroidie, le fromage cottage, le fromage feta, l'aneth, l'ail, le sel et le poivre et bien mélanger. Verser ce mélange dans le moule à tarte.

Cuire au centre du four de 50 à 60 minutes ou jusqu'à ce que le centre de la frittata soit ferme. Retirer du four et laisser reposer pendant 10 minutes avant de couper en pointes.

4 à 6 portions

Gratin de légumes au quinoa

Un gratin sain et délicieux, débordant de beaux légumes. Servez-le comme plat complet ou accompagnez-le d'une salade de votre choix.

- 1 tasse (250 ml) de quinoa
- 2 tasses (500 ml) d'eau
- 2 c. à soupe (30 ml) de beurre
- 1 tasse (250 ml) d'oignons coupés en dés
- 3 tasses (750 ml) de bouquets de brocoli
- ¼ c. à thé (1 ml) de sel
- 2 tasses (500 ml) de champignons de Paris coupés en tranches
- 1 tasse (250 ml) de poivron rouge haché (environ 1 poivron)
- 1 c. à thé (5 ml) de pesto au basilic
- 2 gros œufs
- 1 tasse (250 ml) de cheddar râpé + ¼ tasse (60 ml) (facultatif)
- 1 tasse (250 ml) de fromage ricotta
- ½ tasse (125 ml) de crème sure légère
- ¼ c. à thé (1 ml) de poivre noir

Préchauffer le four à 350°F (180°C). Graisser un plat de cuisson de 9 po x 13 po (23 x 33 cm) ou le vaporiser d'huile végétale. Mettre le quinoa dans une petite casserole, ajouter l'eau et porter à ébullition. Réduire à feu doux, couvrir et cuire pendant 10 minutes. Éteindre le feu et laisser reposer pendant 6 minutes sans découvrir la casserole. Détacher les grains de quinoa avec une fourchette. Réserver.

Dans une grande casserole, faire fondre le beurre à feu moyen. Ajouter les oignons et cuire pendant 5 minutes ou jusqu'à ce qu'ils soient tendres. Ajouter le brocoli et le sel et faire sauter pendant 2 minutes (au besoin, ajouter 1 à 2 c. à soupe/15 à 30 ml d'eau pour empêcher le brocoli de coller). Ajouter les champignons, le poivron et le pesto et poursuivre la cuisson de 4 à 5 minutes ou jusqu'à ce que les champignons aient ramolli, sans plus. Retirer la casserole du feu. Ajouter le quinoa réservé et mélanger.

Dans un bol, battre les œufs. Ajouter 1 tasse (250 ml) du cheddar, le fromage ricotta, la crème sure et le poivre et bien mélanger. Incorporer ce mélange à la préparation de quinoa en soulevant délicatement la masse. Étendre la préparation dans le plat de cuisson et parsemer du reste du cheddar, si désiré. Cuire au centre du four de 30 à 35 minutes ou jusqu'à ce que le gratin soit chaud au centre. Le reste du gratin se conserve jusqu'à 3 jours au réfrigérateur.

6 à 8 portions

Quinoa façon tex-mex

Garni de cheddar fondant et d'une cuillerée de yogourt aromatisé à la lime, ce plat simple et délicieux peut aussi se servir en accompagnement.

- 1 tasse (250 ml) de quinoa
- 2 tasses (500 ml) d'eau
- ¾ tasse (185 ml) de salsa du commerce, forte ou moyenne
- ¼ c. à thé (1 ml) d'assaisonnement au chili
- ¼ c. à thé (1 ml) de coriandre moulue
- ¼ c. à thé (1 ml) de cumin moulu
- 1 c. à soupe (15 ml) de coriandre fraîche, hachée finement
- 1 tasse (250 ml) de tomates coupées en dés
- 1 tasse (250 ml) de haricots noirs cuits ou en conserve
- ½ tasse (125 ml) de maïs en grains
- ½ tasse (125 ml) de yogourt nature
- 1 c. à thé (5 ml) de jus de lime fraîchement pressé
- 1 tasse (250 ml) de cheddar vieilli, râpé
- 1 avocat coupé en tranches

Mettre le quinoa dans une casserole, ajouter l'eau et porter à ébullition. Réduire à feu doux, couvrir et cuire pendant 10 minutes. Éteindre le feu et laisser reposer pendant 6 minutes sans découvrir la casserole. Détacher les grains de quinoa avec une fourchette.

Ajouter la salsa, l'assaisonnement au chili, la coriandre moulue et le cumin et bien mélanger. Ajouter la coriandre fraîche, les tomates, les haricots noirs et le maïs et remuer pour bien répartir les ingrédients dans le quinoa. Dans un petit bol, à l'aide d'un fouet, mélanger le yogourt et le jus de lime.

Au moment de servir, répartir la préparation de quinoa dans des assiettes. Garnir chaque portion du cheddar, d'une cuillerée du yogourt à la lime et des tranches d'avocat.

4 à 6 portions

Casserole de quinoa à la mexicaine

Si vous préférez, plutôt que des courgettes, utilisez des pommes de terre, ou encore du bœuf, du poulet ou du dindon haché si vous êtes un amateur de viande.

Assaisonnement mexicain

1 c. à soupe (15 ml) d'assaisonnement au chili
1 ½ c. à thé (7,5 ml) de cumin moulu
½ c. à thé (2 ml) de sel
¼ c. à thé (1 ml) de poivre noir
¼ c. à thé (1 ml) d'origan séché
¼ c. à thé (1 ml) de poudre d'ail
1 pincée de piment de Cayenne

Casserole de quinoa

½ tasse (125 ml) de quinoa
1 tasse (250 ml) d'eau
2 tasses (500 ml) de courgettes coupées en dés
1 poivron rouge coupé en dés
1 poivron vert coupé en dés
1 boîte de 14 oz (398 ml) de haricots noirs ou de petits haricots blancs (de type navy)
¼ tasse (60 ml) d'oignons verts coupés en tranches
1 tasse (250 ml) de salsa du commerce douce, moyenne ou forte
1 tasse (250 ml) de cheddar vieilli, râpé
⅓ tasse (80 ml) d'olives noires coupées en tranches
crème sure légère (facultatif)

Assaisonnement. Dans un petit bol, mélanger toutes les épices. Réserver.

Casserole de quinoa. Mettre le quinoa dans une petite casserole, ajouter l'eau et porter à ébullition. Réduire à feu doux, couvrir et cuire pendant 10 minutes. Éteindre le feu et laisser reposer pendant 4 minutes sans découvrir la casserole. Détacher les grains de quinoa avec une fourchette. Réserver à découvert.

Préchauffer le four à 350°F (180°C). Graisser un plat de cuisson de 9 po x 13 po (23 cm x 33 cm). Étendre les courgettes et les poivrons dans le plat et les parsemer de 1 c. à thé (5 ml) de l'assaisonnement réservé.

Dans un grand bol, bien mélanger les haricots noirs, le quinoa réservé, les oignons verts et 1 c. à soupe (15 ml) de l'assaisonnement (il restera de l'assaisonnement). Étendre la préparation de quinoa sur les légumes et couvrir de la salsa. Parsemer du cheddar et des olives. Cuire au centre du four de 25 à 30 minutes ou jusqu'à ce que le fromage soit fondu et que la préparation soit chaude. Garnir de crème sure, si désiré.

5 à 7 portions

Coquilles farcies aux épinards et au fromage

- 1/3 tasse (80 ml) de quinoa
- 2/3 tasse (160 ml) d'eau
- 1 boîte de 12 oz (355 g) de grosses coquilles
- 2 gros œufs
- 1 1/2 tasse (375 ml) de fromage mozzarella partiellement écrémé, râpé
- 1 tasse (250 ml) de fromage ricotta
- 3/4 tasse (185 ml) de parmesan fraîchement râpé
- 1 paquet de 10 oz (300 g) d'épinards hachés surgelés, décongelés et bien essorés
- 1/4 c. à thé (1 ml) de sel
- 1 pincée de poivre noir
- 3 tasses (750 ml) de sauce tomate (au choix)

Mettre le quinoa dans une casserole, ajouter l'eau et porter à ébullition. Réduire à feu doux, couvrir et cuire pendant 10 minutes. Éteindre le feu et laisser reposer pendant 6 minutes sans découvrir la casserole. Détacher les grains de quinoa avec une fourchette et laisser refroidir à découvert.

Préchauffer le four à 350°F (180°C). Cuire les coquilles en suivant les instructions du fabricant. Dans un bol, battre les œufs. Ajouter le quinoa refroidi, le fromage mozzarella, le fromage ricotta, le parmesan, les épinards, le sel et le poivre et mélanger.

Avec le dos d'une cuillère, étendre la sauce tomate dans le fond d'un plat de cuisson de 9 po x 13 po (23 cm x 33 cm). Remplir chaque coquille de 2 à 3 c. à soupe (30 à 45 ml) de la garniture au fromage. En commençant dans un coin, mettre les coquilles dans le plat (il peut rester des coquilles). Couvrir le plat de papier d'aluminium et cuire au centre du four pendant 20 minutes. Retirer le papier d'aluminium et poursuivre la cuisson pendant 10 minutes ou jusqu'à ce que les coquilles soient légèrement dorées et que la sauce soit bouillonnante.

4 portions

Sandwichs roulés au poulet et aux pousses de quinoa

Le côté croquant des pousses de quinoa donne du punch au traditionnel sandwich roulé au poulet. Pour une version sans gluten, utilisez des tortillas de riz brun.

2 tasses (500 ml) de poulet ou de dindon cuit, coupé en dés
½ tasse (125 ml) de canneberges séchées
½ tasse (125 ml) d'amandes en bâtonnets, grillées
¼ tasse (60 ml) de céleri coupé en petits dés
½ tasse (125 ml) de pousses de quinoa (voir p. 56)
3 c. à soupe (45 ml) d'oignons verts coupés en tranches fines
½ tasse (125 ml) de yogourt nature
½ tasse (125 ml) de mayonnaise légère
¼ c. à thé (1 ml) de sel
1 pincée de poivre noir
4 grandes tortillas de blé entier de 10 po (25 cm) (ou 8 petites de 8 po/20 cm)
¼ tasse (60 ml) de cheddar râpé (facultatif)

Dans un grand bol, mélanger le poulet, les canneberges, les amandes, le céleri, les pousses de quinoa et les oignons verts. Ajouter le yogourt, la mayonnaise, le sel et le poivre et bien mélanger. Mettre environ 1 tasse (250 ml) de la garniture au poulet sur chaque grande tortilla (ou ½ tasse/125 ml sur chaque petite). Parsemer du cheddar, si désiré, et rouler.

1 portion

Sandwich suprême au dindon

Pour une version sans gluten, utilisez du pain certifié sans gluten. Si vous voulez un sandwich végétarien, préparez-le sans dindon: il sera tout aussi bon.

2 c. à thé (10 ml) de mayonnaise légère
2 tranches de pain de blé entier ou sans gluten
2 c. à soupe (30 ml) de pousses de quinoa (voir p. 56)
2 tranches de dindon
1 tranche de fromage havarti
1 tranche de poivron rouge grillé
2 tranches d'oignon rouge
1 c. à thé (5 ml) de moutarde de Dijon

Étendre la mayonnaise sur une des tranches de pain et la parsemer uniformément des pousses de quinoa. Garnir des tranches de dindon, du fromage havarti, du poivron grillé et de l'oignon. Étendre la moutarde sur l'autre tranche de pain et la déposer sur les garnitures.

1 portion

Sandwich au gouda et au concombre

- 2 c. à soupe (30 ml) de fromage à la crème léger, ramolli
- 1 c. à thé (5 ml) d'aneth frais, haché (ou ¼ c. à thé/1 ml d'aneth séché)
- 2 tranches de pain de seigle, de blé entier ou sans gluten
- 4 tranches de concombre
- 2 c. à soupe (30 ml) de pousses de quinoa (voir p. 56)
- ½ c. à thé (2 ml) de vinaigre balsamique
- 2 rondelles d'oignon rouge
- 1 tranche de gouda

Dans un bol, mélanger le fromage à la crème et l'aneth. Étendre ce mélange sur chaque tranche de pain. Mettre les tranches de concombre sur une des tranches de pain. Mélanger les pousses de quinoa et le vinaigre et déposer ce mélange sur le concombre. Garnir de l'oignon rouge et du gouda. Couvrir de l'autre tranche de pain.

1 portion

Sandwich aux œufs

Riche en protéines, ce sandwich fait un repas léger et délicieux. Sa garniture colorée et les pousses de quinoa lui donnent une touche vraiment originale.

- 1 gros œuf dur, écalé
- 1 c. à soupe (15 ml) de mayonnaise légère
- 2 c. à thé (10 ml) d'oignon vert coupé en tranches fines
- 2 c. à thé (10 ml) de poivron rouge frais ou grillé, haché finement
- sel et poivre noir au goût
- 2 tranches de pain pumpernickel, de blé entier ou sans gluten
- 2 à 3 c. à soupe (30 à 45 ml) de pousses de quinoa (voir p. 56)

Dans un bol, écraser l'œuf avec une fourchette. Ajouter la mayonnaise, l'oignon vert et le poivron et mélanger. Saler et poivrer. Étendre la garniture sur une des tranches de pain et la parsemer des pousses de quinoa. Couvrir de l'autre tranche de pain et couper le sandwich en deux sur le biais.

2 portions

Sandwichs au thon et au pesto

Avec son pesto au basilic, ses tranches de poivron grillé et ses pousses de quinoa, le traditionnel sandwich au thon prend ici du galon.

- 1 boîte de 6 oz (170 g) de thon pâle émietté ou en morceaux dans l'eau, égoutté
- 3 c. à soupe (45 ml) de mayonnaise légère
- 1 ½ c. à thé (7 ml) de pesto au basilic
- 1 c. à soupe (15 ml) d'oignon vert coupé en tranches fines
- 4 tranches de pain (au choix)
- ¼ tasse (60 ml) de pousses de quinoa (voir p. 56)
- 2 tranches de poivron rouge grillé (facultatif)

Dans un petit bol, bien mélanger le thon, la mayonnaise, le pesto et l'oignon vert. Étendre uniformément la moitié de la garniture au thon sur une des tranches de pain. Parsemer de la moitié des pousses de quinoa, garnir d'une tranche de poivron grillé, si désiré, et couvrir d'une autre tranche de pain. Préparer un autre sandwich de la même manière avec le reste des ingrédients.

4 à 6 portions

Hamburgers à la grecque

On n'a rien contre les hamburgers classiques, mais ces hamburgers à la grecque sont vraiment savoureux. Ils seront meilleurs grillés sur le barbecue, mais si le soleil n'est pas au rendez-vous, vous pouvez toujours les cuire à la poêle ou sur votre gril intérieur. Utilisez des pains certifiés sans gluten pour un repas sans gluten.

Pâtés de bœuf

- ¼ tasse (60 ml) de quinoa blanc ou doré
- ½ tasse (125 ml) d'eau
- 1 lb (500 g) de bœuf haché maigre
- ½ tasse (125 ml) d'olives noires hachées
- ¼ tasse (60 ml) de poivron vert haché finement
- ¼ tasse (60 ml) de vinaigrette à la grecque ou à la méditerranéenne
- 1 gros œuf
- 4 à 6 pains à hamburger coupés en deux et légèrement beurrés

Garnitures

- ¼ tasse (60 ml) de mayonnaise légère ou de sauce tzatziki
- ¾ tasse (185 ml) de fromage feta léger, émietté
- 4 à 6 tranches de tomate
- 4 à 6 tranches d'oignon rouge
- 8 à 12 tranches de concombre

Pâtés. Mettre le quinoa dans une petite casserole, ajouter l'eau et porter à ébullition. Réduire à feu doux, couvrir et cuire pendant 10 minutes. Éteindre le feu et laisser reposer pendant 6 minutes sans découvrir la casserole. Détacher les grains de quinoa avec une fourchette. Laisser refroidir à découvert.

Dans un bol, mélanger le bœuf haché, les olives, le poivron, la vinaigrette, l'œuf et ½ tasse (125 ml) du quinoa refroidi. Façonner la préparation de bœuf en six pâtés ordinaires (ou quatre gros pâtés) de 1 po (2,5 cm) d'épaisseur. Préchauffer le barbecue à intensité moyenne. Faire griller les pâtés 4 minutes de chaque côté ou jusqu'à ce qu'ils aient perdu leur teinte rosée à l'intérieur. Mettre les pains, le côté beurré dessous, sur la grille du barbecue et les faire griller de 30 à 45 secondes ou jusqu'à ce qu'ils soient légèrement dorés.

Garnitures. Étendre la mayonnaise à l'intérieur des pains. Mettre un pâté dans chaque pain et parsemer du fromage feta. Garnir des tranches de tomate, d'oignon et de concombre.

6 portions

Hamburgers au saumon sur demi-pain

Ces hamburgers font un repas léger et économique, mais assez consistant pour satisfaire les gros appétits. Pour une recette sans gluten, utilisez des pains certifiés sans gluten au lieu des muffins anglais.

Pâtés de saumon

- 1/3 tasse (80 ml) de quinoa
- 2/3 tasse (160 ml) d'eau
- 1 boîte de 7 1/2 oz (213 ml) de saumon égoutté, les grosses arêtes enlevées
- 1/2 tasse (125 ml) d'oignons verts coupés en tranches
- 2 gros œufs
- 1 c. à soupe (15 ml) d'aneth frais, haché (ou 1 c. à thé/5 ml d'aneth séché)
- 1/2 c. à thé (2 ml) d'ail haché finement
- 1 pincée de poivre noir
- 3 muffins anglais de blé entier ou petits pains sans gluten, coupés en deux

Garnitures

- 1/3 tasse (80 ml) de fromage à la crème léger, ramolli
- 1 c. à thé (5 ml) de zeste de lime râpé
- 1 c. à thé (5 ml) de jus de lime fraîchement pressé
- 1/2 tasse (125 ml) d'épinards frais
- 6 tranches de tomate
- 6 grandes tranches de gouda

Pâtés. Mettre le quinoa dans une petite casserole, ajouter l'eau et porter à ébullition. Réduire à feu doux, couvrir et cuire pendant 10 minutes. Éteindre le feu et laisser reposer pendant 6 minutes sans découvrir la casserole. Détacher les grains de quinoa avec une fourchette. Laisser refroidir à découvert.

Préchauffer le four à 400°F (200°C). Dans un bol, bien mélanger le saumon, le quinoa refroidi, les oignons verts, les œufs, l'aneth, l'ail et le poivre. Façonner la préparation de saumon en six pâtés.

Graisser une plaque de cuisson (ou la vaporiser d'huile végétale, ou la tapisser de papier-parchemin). Mettre les pâtés sur la plaque et cuire au four 7 minutes de chaque côté. Faire griller les muffins anglais.

Garnitures. Dans un petit bol, bien mélanger le fromage à la crème, le zeste et le jus de lime. Étendre ce mélange sur chaque demi-muffin grillé. Garnir chacun de quelques feuilles d'épinards, d'une tranche de tomate et d'un pâté de saumon. Couvrir d'une tranche de gouda.

6 à 8 portions

Hamburgers végés

Vous n'aurez jamais mangé de meilleurs hamburgers sans viande.

¼ tasse (60 ml) de quinoa
¼ tasse (60 ml) de lentilles vertes sèches
1 ½ tasse (375 ml) d'eau
⅓ tasse (80 ml) de noix de Grenoble hachées finement
½ tasse (125 ml) de mie de pain frais, émiettée (sans gluten, si désiré)
1 boîte de 19 oz (540 ml) de pois chiches, égouttés et rincés
¾ tasse (185 ml) de céleri haché finement
¾ tasse (185 ml) d'oignon haché finement
1 tasse (250 ml) de poivron vert ou rouge haché finement (environ 1 poivron)
¼ c. à thé (1 ml) de poivre noir
6 à 8 pains à hamburger ou petits pains sans gluten, coupés en deux
condiments (au choix)

Dans une casserole, mélanger le quinoa, les lentilles et l'eau et porter à ébullition. Réduire à feu doux, couvrir et cuire pendant 23 minutes ou jusqu'à ce que les lentilles soient tendres. Retirer la casserole du feu et laisser refroidir à découvert.

Préchauffer le four à 350°F (180°C). Graisser légèrement une plaque de cuisson (ou la vaporiser d'huile végétale, ou la tapisser de papier-parchemin). Dans un grand bol, mélanger les noix de Grenoble, la mie de pain, les pois chiches, le céleri, l'oignon, le poivron et le poivre. Ajouter la préparation de lentilles et de quinoa refroidie et bien mélanger avec les mains en défaisant les pois chiches.

Environ ½ tasse (125 ml) à la fois, façonner la préparation de lentilles en six à huit pâtés. Mettre les pâtés de lentilles sur la plaque de cuisson et cuire au centre du four pendant 20 minutes. Mettre un pâté dans chaque pain et garnir des condiments de votre choix.

Donne 3 croûtes à pizza de 12 po (30 cm).

Pâte à pizza super rapide et facile

Il est impossible de rater cette pâte à pizza, qui donne une croûte tendre et légère, agrémentée de grains de quinoa entiers. Le quinoa blanc est pratiquement invisible et ne change en rien la saveur de la pâte à pizza classique. Cette croûte fantastique va impressionner votre famille, mais ne dévoilez pas votre secret avant de l'avoir fait goûter. Vous pouvez diviser la pâte en portions et la congeler: vous l'aurez sous la main pour un repas de semaine pas compliqué.

- 2/3 tasse (160 ml) de quinoa blanc
- 1 1/3 tasse (330 ml) d'eau froide
- 1 1/2 tasse (375 ml) d'eau chaude
- 2 c. à soupe (30 ml) de sucre blanc ou de sucre de canne
- 3 c. à soupe (45 ml) d'huile végétale ou d'huile d'olive
- 1/2 c. à thé (2 ml) de sel
- 1 c. à soupe (15 ml) de levure instantanée (1 sachet)
- 1 gros œuf battu
- 3 1/2 à 4 tasses (875 ml à 1 L) de farine tout usage

Mettre le quinoa dans une casserole, ajouter l'eau froide et porter à ébullition. Réduire à feu doux, couvrir et cuire pendant 10 minutes. Éteindre le feu et laisser reposer pendant 20 minutes sans découvrir la casserole. Détacher les grains de quinoa avec une fourchette. Laisser refroidir à découvert.

Dans un grand bol, mélanger l'eau chaude et le sucre. Ajouter l'huile, le sel et la levure, puis l'œuf et le quinoa refroidi et mélanger. Commencer par incorporer 3 1/2 tasses (875 ml) de la farine. Ajouter ensuite 1/4 tasse (60 ml) du reste de la farine en travaillant la préparation. (Pour vérifier si vous avez ajouté assez de farine, prenez une poignée de pâte dans votre main propre et sèche. Si la pâte colle à la main mais se détache bien, vous avez assez de farine; si elle reste collée à votre main, vous devez ajouter de la farine.) Continuer d'ajouter la farine par petites quantités en faisant le test de la main après chaque addition (la quantité totale de farine ne devrait pas dépasser 4 tasses/1 L).

Couper la pâte en deux portions pour deux grandes pizzas ou la façonner en rouleau et la couper en trois pour des pizzas moyennes. Façonner chaque portion en boule. (Les boules de pâte se conservent jusqu'à 3 mois au congélateur dans des sacs de congélation. Laisser décongeler toute une nuit au réfrigérateur avant de poursuivre.)

Mettre une boule de pâte dans un bol légèrement graissé ou vaporisé d'huile végétale et le couvrir d'un linge propre. Laisser lever environ 15 minutes dans un endroit chaud. Répéter avec le reste des boules de pâte au besoin.

Préchauffer le four à 425°F (220°C). Graisser légèrement une plaque à pizza (ou la vaporiser d'huile végétale) et y presser uniformément la pâte. Garnir de votre sauce à pizza et de vos garnitures préférées. Cuire au centre du four de 25 à 30 minutes (le temps de cuisson varie en fonction de la plaque à pizza utilisée et de la quantité de garnitures) ou jusqu'à ce que le fromage au centre soit bouillonnant et que le dessous de la croûte soit doré. Le reste de la pizza se conserve jusqu'à 3 jours au réfrigérateur.

4 portions

Pommes de terre farcies parfaites

Pour une version végé ou sans gluten, ne mettez pas de bacon.

- 4 pommes de terre (pour cuisson au four)
- 1 c. à thé (5 ml) d'huile d'olive
- 3 c. à soupe (45 ml) de quinoa rouge
- 6 c. à soupe (90 ml) d'eau
- 1 tasse (250 ml) de lait
- ¼ tasse (60 ml) de beurre fondu
- sel au goût
- 2 ½ tasses (625 ml) de bouquets de brocoli cuits à la vapeur pendant 8 minutes, hachés finement
- 1 ½ tasse (375 ml) de cheddar vieilli, râpé
- ¾ tasse (185 ml) de bacon cuit, haché (facultatif)
- ¼ tasse (60 ml) d'oignons verts coupés en tranches fines
- crème sure légère (facultatif)

Préchauffer le four à 400°F (200°C). Laver et éponger les pommes de terre, les piquer, puis les badigeonner légèrement de l'huile. Cuire au centre du four de 50 à 60 minutes ou jusqu'à ce qu'elles soient tendres.

Entre-temps, mettre le quinoa dans une petite casserole, ajouter l'eau et porter à ébullition. Réduire à feu doux, couvrir et cuire pendant 10 minutes. Éteindre le feu et laisser reposer pendant 6 minutes sans découvrir la casserole. Détacher les grains de quinoa avec une fourchette. Réserver.

Chauffer le lait sur la cuisinière (ou au micro-ondes) jusqu'à ce qu'il soit chaud. Retirer les pommes de terre du four et faire une entaille sur la longueur sur le dessus de chacune. En tenant bien chaque pomme de terre dans la main (porter une mitaine isolante), retirer la chair. Mettre la chair dans un grand bol (réserver les pelures) et la réduire en purée. Ajouter le lait chaud et le beurre, assaisonner de sel et mélanger jusqu'à ce que la purée soit lisse. Incorporer le brocoli, 1 tasse (250 ml) du cheddar, le quinoa réservé et le bacon, si désiré.

Farcir les pelures réservées de la purée de pommes de terre et les parsemer du reste du cheddar et des oignons verts. Cuire au four de 8 à 10 minutes ou jusqu'à ce que la garniture soit chaude et que le fromage soit bouillonnant. Accompagner de crème sure, si désiré.

Chapitre 5

BISCUITS, MUFFINS ET CIE

Petites gâteries

Confectionner des petites douceurs avec des aliments nutritifs vous semble une hérésie ? Ces gâteries qui donnent l'eau à la bouche transformeront vos pauses quotidiennes ou l'heure du thé en moments de sainteté plutôt qu'en péchés de gourmandise. Nous avons adapté tous les grands favoris: biscuits, brownies, muffins et carrés. Si vous désirez des recettes sans gluten, assurez-vous que les ingrédients comme les flocons d'avoine et la poudre à pâte sont bien étiquetés « sans gluten ».

Donne 12 muffins.

Muffins au son et aux raisins secs

Faibles en gras et riches en fibres, ces muffins moelleux sont même meilleurs que ceux de votre grand-mère !

- ½ tasse (125 ml) de cassonade tassée
- ¼ tasse (60 ml) d'huile végétale
- ¼ tasse (60 ml) de mélasse
- 2 gros œufs
- 1 tasse (250 ml) de babeurre ou de lait sur (voir p. 23)
- 1 ½ tasse (375 ml) de son de blé
- ½ tasse (125 ml) de farine de quinoa
- ½ tasse (125 ml) de farine de blé entier
- 1 ½ c. à thé (7 ml) de poudre à pâte
- ¾ c. à thé (4 ml) de sel
- ¼ c. à thé (1 ml) de bicarbonate de sodium
- ½ tasse (125 ml) de raisins secs

Préchauffer le four à 425°F (220°C). Tapisser 12 moules à muffins de moules en papier.

Dans un grand bol, mélanger la cassonade et l'huile jusqu'à ce que le mélange soit lisse. Ajouter la mélasse et les œufs en battant. Incorporer le babeurre, puis le son de blé. Réserver.

Dans un autre bol, bien mélanger les farines, la poudre à pâte, le sel et le bicarbonate de sodium. Ajouter les raisins secs et mélanger. Incorporer les ingrédients secs à la préparation de mélasse réservée en soulevant délicatement la masse jusqu'à ce que la pâte soit homogène, sans plus (ne pas trop mélanger). À l'aide d'une cuillère, répartir la pâte dans les moules.

Cuire au centre du four de 18 à 20 minutes ou jusqu'à ce qu'un cure-dents inséré au centre d'un muffin en ressorte propre.

Donne 12 muffins.

Muffins épicés aux carottes

Il n'y a ni huile ni beurre dans ces muffins. Si vous les voulez plus gourmands, coiffez-les de votre glaçage au fromage favori.

- 1 ⅓ tasse (330 ml) de farine de quinoa
- 1 c. à thé (5 ml) de poudre à pâte
- ½ c. à thé (2 ml) de bicarbonate de sodium
- ½ c. à thé (2 ml) de sel
- 1 ½ c. à thé (7 ml) de cannelle moulue
- ⅔ tasse (160 ml) de raisins secs (ou ⅓ tasse/80 ml de raisins secs et ⅓ tasse/80 ml de noix de Grenoble ou de pacanes hachées)
- 2 gros œufs
- ½ tasse (125 ml) de cassonade tassée
- ⅔ tasse (160 ml) de yogourt nature
- 2 ¼ tasses (560 ml) de carottes râpées

Préchauffer le four à 350°F (180°C). Vaporiser légèrement 12 moules à muffins d'huile végétale.

Dans un bol, bien mélanger la farine, la poudre à pâte, le bicarbonate de sodium, le sel et la cannelle. Ajouter les raisins secs et mélanger. Réserver.

Dans un grand bol, à l'aide d'un fouet, mélanger les œufs, la cassonade et le yogourt. Ajouter les carottes et mélanger. À l'aide d'une spatule en caoutchouc, incorporer les ingrédients secs réservés jusqu'à ce que la pâte soit homogène, sans plus. À l'aide d'une cuillère, répartir la pâte dans les moules.

Cuire au centre du four de 20 à 24 minutes ou jusqu'à ce qu'un cure-dents inséré au centre d'un muffin en ressorte propre. Laisser refroidir complètement avant de démouler. Les muffins se conservent jusqu'à 1 semaine au réfrigérateur ou jusqu'à 1 mois au congélateur dans un contenant hermétique.

Donne 12 muffins.

Muffins aux framboises et au fromage à la crème

- ½ tasse (125 ml) de quinoa blanc ou doré
- 1 tasse (250 ml) d'eau
- 1 ¼ tasse (310 ml) de farine de blé entier
- 1 ½ c. à thé (7 ml) de poudre à pâte
- ¾ c. à thé (4 ml) de sel
- ½ c. à thé (2 ml) de cannelle moulue
- ¼ c. à thé (1 ml) de bicarbonate de sodium
- 4 oz (125 g) de fromage à la crème léger froid, coupé en petits dés
- 1 tasse (250 ml) de framboises surgelées
- ¾ tasse (185 ml) de sucre blanc ou de sucre de canne
- ¼ tasse (60 ml) d'huile végétale
- 1 gros œuf
- ½ tasse (125 ml) de crème sure légère
- 1 c. à thé (5 ml) de vanille

Mettre le quinoa dans une casserole, ajouter l'eau et porter à ébullition. Réduire à feu doux, couvrir et cuire pendant 10 minutes. Éteindre le feu et laisser reposer pendant 15 minutes sans découvrir la casserole. Détacher les grains de quinoa avec une fourchette et laisser refroidir à découvert.

Préchauffer le four à 400°F (200°C). Tapisser 12 moules à muffins de moules en papier. Dans un bol, bien mélanger la farine, la poudre à pâte, le sel, la cannelle et le bicarbonate de sodium. Ajouter 1 ¼ tasse (310 ml) du quinoa refroidi et mélanger pour bien l'enrober. Ajouter le fromage à la crème et mélanger (le fromage doit rester en petits morceaux dans ces muffins). Ajouter les framboises et mélanger pour bien les enrober. Réserver.

Dans un grand bol, à l'aide d'un fouet, mélanger le sucre et l'huile. Ajouter l'œuf et mélanger. Ajouter la crème sure et la vanille en fouettant. Incorporer les ingrédients secs réservés en soulevant délicatement la masse jusqu'à ce que la pâte soit homogène, sans plus. À l'aide d'une cuillère, répartir la pâte dans les moules.

Cuire au centre du four de 25 à 27 minutes ou jusqu'à ce que le pourtour des muffins soit légèrement doré et qu'un cure-dents inséré au centre d'un muffin en ressorte propre. Les muffins se conservent jusqu'à 1 semaine au réfrigérateur dans un contenant hermétique.

Donne 12 muffins.

Muffins aux petits fruits et aux graines de lin

Ces muffins sont faciles à faire, super santé et vraiment délicieux: rien à voir avec ceux du commerce, qui contiennent beaucoup de matières grasses.

- ½ tasse (125 ml) de cassonade tassée
- ¼ tasse (60 ml) d'huile végétale
- ¼ tasse (60 ml) de mélasse
- 2 gros œufs battus
- 1 tasse (250 ml) de babeurre ou de lait sur (voir p. 23)
- ¼ tasse (60 ml) de graines de lin moulues ou entières
- 1 ¼ tasse (310 ml) de son de blé
- ½ tasse (125 ml) de farine de quinoa
- ½ tasse (125 ml) de farine de blé entier
- 1 ½ c. à thé (7 ml) de poudre à pâte
- ¾ c. à thé (4 ml) de sel
- ½ c. à thé (2 ml) de bicarbonate de sodium
- 1 tasse (250 ml) de framboises ou de bleuets surgelés

Préchauffer le four à 425°F (220°C). Tapisser 12 moules à muffins de moules en papier.

Dans un grand bol, mélanger la cassonade et l'huile jusqu'à ce que le mélange soit lisse. Ajouter la mélasse et les œufs et bien mélanger. Incorporer le babeurre, puis les graines de lin et le son de blé. Réserver.

Dans un bol, mélanger les farines, la poudre à pâte, le sel et le bicarbonate de sodium. Ajouter les framboises et mélanger délicatement pour bien les enrober. Incorporer les ingrédients secs à la préparation de babeurre réservée en soulevant délicatement la masse jusqu'à ce que la pâte soit homogène, sans plus (ne pas trop mélanger). À l'aide d'une cuillère, répartir la pâte dans les moules.

Cuire au centre du four de 16 à 20 minutes ou jusqu'à ce qu'un cure-dents inséré au centre d'un muffin en ressorte propre. Laisser reposer les muffins dans les moules quelques minutes, puis les démouler sur une grille et les laisser refroidir complètement. Les muffins se conservent jusqu'à 1 semaine au réfrigérateur ou jusqu'à 1 mois au congélateur dans un contenant hermétique.

Donne 12 muffins.

Muffins au citron et aux bleuets

Le quinoa et la farine de blé entier donnent de la consistance à ces muffins, tandis que les bleuets et le citron leur confèrent leur bon goût.

- ½ tasse (125 ml) de quinoa blanc ou doré
- 1 tasse (250 ml) d'eau
- 1 ¼ tasse (310 ml) de farine de blé entier
- 1 ½ c. à thé (7 ml) de poudre à pâte
- 1 c. à thé (5 ml) de sel
- ¼ c. à thé (1 ml) de cannelle moulue
- 1 c. à soupe (15 ml) de zeste de citron râpé (environ 1 citron)
- ¾ tasse (185 ml) de sucre blanc ou de sucre de canne
- ¼ tasse (60 ml) d'huile végétale
- ½ tasse (125 ml) de crème sure
- 1 gros œuf
- 3 c. à soupe (45 ml) de jus de citron fraîchement pressé
- 1 c. à thé (5 ml) de vanille
- 1 tasse (250 ml) de bleuets surgelés (non décongelés)

Mettre le quinoa dans une petite casserole, ajouter l'eau et porter à ébullition. Réduire à feu doux, couvrir et cuire pendant 10 minutes. Éteindre le feu et laisser reposer pendant 15 minutes sans découvrir la casserole pour permettre à la chaleur résiduelle de terminer la cuisson et de bien faire gonfler le quinoa. Détacher les grains de quinoa avec une fourchette et laisser refroidir à découvert.

Préchauffer le four à 400°F (200°C). Tapisser 12 moules à muffins de moules en papier. Dans un bol, mélanger la farine, la poudre à pâte, le sel et la cannelle. Ajouter le zeste de citron et 1 ¼ tasse (310 ml) du quinoa refroidi et mélanger en défaisant les grumeaux. Réserver.

Dans un grand bol, à l'aide d'un fouet, mélanger le sucre et l'huile. Ajouter la crème sure, l'œuf, le jus de citron et la vanille et mélanger jusqu'à ce que la préparation soit homogène. Ajouter les bleuets aux ingrédients secs réservés et mélanger pour bien les enrober. Incorporer les ingrédients secs au mélange de crème sure en soulevant délicatement la masse jusqu'à ce que la pâte soit homogène, sans plus. À l'aide d'une cuillère, répartir la pâte dans les moules.

Cuire au centre du four de 25 à 30 minutes ou jusqu'à ce que le dessus des muffins soit légèrement doré et qu'un cure-dents inséré au centre d'un muffin en ressorte propre. Laisser refroidir dans les moules.

Donne 12 muffins.

Muffins aux fraises et aux bananes

- ¼ tasse (60 ml) de quinoa blanc ou doré
- ½ tasse (125 ml) d'eau
- 1 tasse (250 ml) de farine de blé entier
- 1 ½ c. à thé (7 ml) de poudre à pâte
- 1 c. à thé (5 ml) de sel
- 1 c. à thé (5 ml) de cannelle moulue
- ¾ tasse (185 ml) de cassonade tassée
- ¼ tasse (60 ml) d'huile végétale
- ½ tasse (125 ml) de yogourt nature ou de crème sure légère
- 1 gros œuf
- 1 c. à thé (5 ml) de vanille
- 1 tasse (250 ml) de bananes mûres, écrasées
- 1 tasse (250 ml) de fraises surgelées coupées en dés

Préchauffer le four à 400°F (200°C). Tapisser 12 moules à muffins de moules en papier.

Mettre le quinoa dans une casserole, ajouter l'eau et porter à ébullition. Réduire à feu doux, couvrir et cuire pendant 10 minutes. Éteindre le feu et laisser reposer pendant 15 minutes sans découvrir la casserole. Détacher les grains de quinoa avec une fourchette et laisser refroidir à découvert.

Dans un bol, mélanger la farine, la poudre à pâte, le sel et la cannelle. Ajouter le quinoa refroidi et bien mélanger. Réserver. Dans un grand bol, mélanger la cassonade et l'huile. Ajouter le yogourt, l'œuf, la vanille et les bananes et mélanger. Ajouter les fraises aux ingrédients secs réservés et mélanger pour bien les enrober. Incorporer les ingrédients secs à la préparation de bananes en soulevant délicatement la masse jusqu'à ce que la pâte soit homogène, sans plus (ne pas trop mélanger). À l'aide d'une cuillère, répartir la pâte dans les moules.

Cuire au centre du four de 28 à 30 minutes ou jusqu'à ce qu'un cure-dents inséré au centre d'un muffin en ressorte propre. Laisser refroidir dans les moules. Les muffins se conservent jusqu'à 1 semaine au réfrigérateur et jusqu'à 1 mois au congélateur dans un contenant hermétique.

Donne 5 douzaines.

Biscuits santé

- ⅓ tasse (80 ml) de quinoa
- ⅔ tasse (160 ml) d'eau
- 1 tasse (250 ml) de beurre ramolli
- 1 ⅓ tasse (330 ml) de cassonade tassée
- 2 gros œufs
- 1 ½ c. à thé (7 ml) de vanille
- 2 tasses (500 ml) de farine de blé entier
- 1 ½ c. à thé (7 ml) de poudre à pâte
- 1 c. à thé (5 ml) de bicarbonate de sodium
- 1 c. à thé (5 ml) de cannelle moulue
- ¼ c. à thé (1 ml) de sel
- 1 ¼ tasse (310 ml) de flocons d'avoine à cuisson rapide
- 1 tasse (250 ml) de flocons de noix de coco non sucrés
- ⅓ tasse (80 ml) de graines de tournesol non salées
- ⅓ tasse (80 ml) de graines de lin moulues ou entières
- ⅓ tasse (80 ml) de graines de sésame

Mettre le quinoa dans une petite casserole, ajouter l'eau et porter à ébullition. Réduire à feu doux, couvrir et cuire pendant 10 minutes. Éteindre le feu et laisser reposer pendant 6 minutes sans découvrir la casserole. Détacher les grains de quinoa avec une fourchette et laisser refroidir à découvert.

Préchauffer le four à 350°F (180°C). Graisser ou tapisser de papier-parchemin une grande plaque à biscuits. Dans un grand bol, défaire le beurre en crème avec la cassonade. Incorporer les œufs et la vanille. Réserver.

Dans un autre bol, mélanger la farine, la poudre à pâte, le bicarbonate de sodium, la cannelle et le sel. Ajouter les flocons d'avoine, le quinoa refroidi, la noix de coco et les graines de tournesol, de lin et de sésame, et bien mélanger. Incorporer les ingrédients secs à la préparation de beurre réservée jusqu'à ce que la pâte soit homogène.

Façonner la pâte en boules de 1 ½ po (4 cm) et les mettre sur la plaque à biscuits en les espaçant de 2 po (5 cm). Aplatir légèrement les boules de pâte avec la paume de la main.

Cuire au centre du four de 8 à 10 minutes ou jusqu'à ce que le dessous des biscuits soit légèrement doré. Laisser refroidir complètement sur la plaque. Les biscuits se conservent jusqu'à 1 semaine au réfrigérateur dans un contenant hermétique.

Donne 2 ½ douzaines.

Sablés au beurre

Le quinoa apporte sa grande valeur nutritive à ces sablés sans rien changer à leur côté fondant. C'est le genre de biscuits à décorer pour le temps des fêtes. Pour obtenir des biscuits bien ronds, il suffit de façonner la pâte en rouleau, de le réfrigérer, puis de le couper en rondelles.

- 1 tasse (250 ml) de farine tout usage
- ¾ tasse (185 ml) de farine de quinoa
- 1 tasse (250 ml) de beurre ramolli
- 1 tasse (250 ml) de sucre à fruits (extra-fin) ou de sucre blanc
- ¼ tasse (60 ml) de morceaux de chocolat ou de brisures de chocolat

Préchauffer le four à 500°F (260°C). Tamiser les farines ensemble et les étaler sur une grande plaque à biscuits. Cuire dans la partie supérieure du four de 4 à 5 minutes ou jusqu'à ce que la farine soit légèrement dorée. Remuer délicatement et poursuivre la cuisson de 4 à 5 minutes. Retirer du four et laisser refroidir de 1 à 2 minutes. Dans un grand bol, tamiser la farine grillée. Réduire la température du four à 350°F (180°C).

Dans un autre bol, défaire le beurre en crème avec le sucre. Ajouter petit à petit la farine grillée et bien mélanger. Réfrigérer la pâte au moins 20 minutes.

Façonner la pâte en boules de 2 po (5 cm) et les mettre sur une grande plaque à biscuits en les espaçant d'au moins 2 po (5 cm). Presser délicatement un petit morceau de chocolat (ou quelques brisures) au centre de chaque biscuit.

Cuire au centre du four de 18 à 20 minutes. Laisser refroidir sur la plaque de 10 à 15 minutes. Les sablés se conservent jusqu'à 2 semaines au réfrigérateur dans un contenant hermétique.

Donne 3 douzaines.

Biscuits double chocolat

Dire que cette recette de biscuits tendres, moelleux et absolument irrésistibles a été gardée secrète pendant des années ! *(Voir photo p. 142.)*

1 tasse (250 ml) de beurre ramolli
1 ½ tasse (375 ml) de sucre blanc ou de sucre de canne
2 gros œufs
1 c. à thé (5 ml) de vanille
2 tasses (500 ml) de farine de quinoa (ou 1 tasse/250 ml de farine de quinoa et 1 tasse/250 ml de farine tout usage)
¾ tasse (185 ml) de poudre de cacao
1 c. à thé (5 ml) de bicarbonate de sodium
½ c. à thé (2 ml) de sel
1 tasse (250 ml) de brisures de chocolat mi-sucré

Préchauffer le four à 350°F (180°C). Dans un grand bol, défaire le beurre en crème avec le sucre. Incorporer les œufs et la vanille jusqu'à ce que la préparation soit lisse.

Dans un autre bol, mélanger la farine, le cacao, le bicarbonate de sodium et le sel. Ajouter les ingrédients secs à la préparation de beurre et bien mélanger. Incorporer les brisures de chocolat.

Façonner la pâte en boules de 1 ¼ po (3 cm) (si la pâte est trop molle, la mettre au congélateur environ 20 minutes). (Les boules de pâte non cuites se conservent jusqu'à 1 mois au congélateur dans un contenant hermétique. Laisser décongeler avant de cuire.) Mettre les boules de pâte sur une grande plaque à biscuits non graissée en les espaçant de 2 po (5 cm) et les aplatir légèrement avec la paume de la main.

Cuire au centre du four de 8 à 10 minutes (les biscuits seront gonflés et mous à la sortie du four, mais s'aplatiront en refroidissant). Laisser reposer les biscuits au moins 1 minute sur la plaque, puis les déposer sur une grille et les laisser refroidir complètement. Les biscuits se conservent jusqu'à 1 semaine à la température ambiante ou jusqu'à 1 mois au congélateur dans un contenant hermétique.

Donne 2 douzaines.

Biscuits au chocolat blanc et aux noix de macadam

- ½ tasse (125 ml) de farine de quinoa
- ½ tasse (125 ml) de farine tout usage
- ¼ c. à thé (1 ml) de bicarbonate de sodium
- ½ tasse (125 ml) de beurre ramolli
- ½ tasse (125 ml) de cassonade tassée
- 1 gros œuf
- ½ c. à thé (2 ml) de vanille
- 1 tasse (250 ml) de chocolat blanc en morceaux
- ¾ tasse (185 ml) de noix de macadam hachées grossièrement

Préchauffer le four à 350°F (180°C). Dans un bol, mélanger les farines et le bicarbonate de sodium. Réserver.

Dans un autre bol, défaire le beurre en crème avec la cassonade. Incorporer l'œuf et la vanille en battant. Ajouter les ingrédients secs réservés et bien mélanger. Incorporer le chocolat blanc et les noix de macadam.

Laisser tomber la pâte par grosses cuillerées (environ 2 po/5 cm) sur des plaques à biscuits non graissées en espaçant les biscuits de 2 po (5 cm).

Cuire au centre du four pendant 12 minutes. Laisser refroidir sur les plaques. Les biscuits se conservent jusqu'à 1 semaine au réfrigérateur ou jusqu'à 6 semaines au congélateur dans un contenant hermétique.

Donne 2 douzaines.

Biscuits au sucre au chocolat

Vous pouvez décorer ces biscuits au sucre traditionnels en fonction des différentes fêtes de l'année.

- ⅔ tasse (160 ml) de beurre ramolli
- 2 gros œufs
- 1 tasse (250 ml) de sucre
- ⅓ tasse (80 ml) de poudre de cacao
- ⅓ tasse (80 ml) de lait
- 1 c. à thé (5 ml) de vanille
- 1 ⅓ tasse (330 ml) de farine tout usage
- 1 ⅓ tasse (330 ml) de farine de quinoa
- 1 c. à soupe (15 ml) de poudre à pâte
- ½ c. à thé (2 ml) de sel
- tartinade au chocolat et aux noisettes, confiture ou glaçage (facultatif)

Dans un bol, à l'aide d'un batteur électrique, battre le beurre avec les œufs, le sucre et le cacao. Incorporer le lait et la vanille en battant jusqu'à ce que la préparation soit homogène. Dans un autre bol, mélanger les farines, la poudre à pâte et le sel. Incorporer la préparation de beurre aux ingrédients secs et bien mélanger. Façonner la pâte en une grosse boule et la réfrigérer pendant 1 heure.

Préchauffer le four à 350°F (180°C). Graisser légèrement une grande plaque à biscuits ou la tapisser de papier-parchemin. Sur une surface légèrement farinée, abaisser la pâte à environ ¼ po (6 mm) d'épaisseur. À l'aide d'un emporte-pièce légèrement fariné, découper des biscuits dans l'abaisse. À l'aide d'une spatule en métal, déposer délicatement les biscuits sur la plaque en les espaçant d'au moins 1 po (2,5 cm).

Cuire au four de 8 à 10 minutes. Laisser reposer les biscuits 5 minutes sur la plaque, puis les déposer sur une grille et les laisser refroidir complètement. Garnir de tartinade au chocolat, si désiré. Les biscuits se conservent jusqu'à 10 jours au réfrigérateur ou jusqu'à 2 mois au congélateur dans un contenant hermétique.

Donne 3 douzaines.

Biscuits tendres aux brisures de chocolat

Vous croyez que les biscuits aux brisures de chocolat ne peuvent pas être santé ? C'est que vous ne connaissez pas cette recette. (Voir photo p. 142.) Les boules de pâte non cuites se conservent jusqu'à 1 mois au congélateur. Gardez-en toujours sous la main pour confectionner des biscuits à la dernière minute.

2 ¼ tasses (560 ml) de farine de quinoa (ou 1 ¼ tasse/310 ml de farine de quinoa et 1 tasse/250 ml de farine tout usage)
½ c. à thé (2 ml) de bicarbonate de sodium
1 tasse (250 ml) de beurre ramolli
¾ tasse (185 ml) de sucre blanc ou de sucre de canne
¾ tasse (185 ml) de cassonade tassée
1 c. à thé (5 ml) de sel
2 c. à thé (10 ml) de vanille
2 gros œufs
1 ½ tasse (375 ml) de brisures de chocolat mi-sucré

Préchauffer le four à 350°F (180°C). Graisser une grande plaque à biscuits ou la tapisser de papier-parchemin. Dans un petit bol, mélanger la farine et le bicarbonate de sodium. Réserver.

Dans un grand bol, mélanger le beurre, le sucre et la cassonade jusqu'à ce que le mélange soit lisse et crémeux. Incorporer le sel, la vanille et les œufs jusqu'à ce que la préparation soit homogène. Ajouter les ingrédients secs réservés et bien mélanger. Incorporer les brisures de chocolat.

Façonner la pâte en boules de 1 po (2,5 cm) et les mettre sur la plaque à biscuits en les espaçant de 2 po (5 cm).

Cuire au centre du four de 8 à 10 minutes (les biscuits seront gonflés et mous à la sortie du four, mais s'aplatiront en refroidissant). Laisser reposer les biscuits 1 minute sur la plaque, puis les déposer sur une grille et les laisser refroidir complètement. Les biscuits se conservent jusqu'à 1 semaine au réfrigérateur ou jusqu'à 1 mois au congélateur dans un contenant hermétique.

Donne 3 douzaines.

Biscottis aux amandes et au chocolat

Enveloppés dans un sac transparent noué avec un ruban, ces biscuits feront un joli cadeau santé.

- 1 ½ tasse (375 ml) d'amandes en bâtonnets
- 1 ½ tasse (375 ml) de farine de quinoa
- ½ tasse (125 ml) de farine de blé entier
- ½ tasse (125 ml) de poudre de cacao
- ½ c. à thé (2 ml) de poudre à pâte
- ½ c. à thé (2 ml) de bicarbonate de sodium
- ¼ c. à thé (1 ml) de sel
- ½ tasse (125 ml) de mini-brisures de chocolat mi-sucré (facultatif)
- ¼ tasse (60 ml) de beurre ramolli
- 1 tasse (250 ml) de sucre blanc ou de sucre de canne
- 3 gros œufs
- 1 c. à thé (5 ml) de vanille
- 1 c. à thé (5 ml) d'essence d'amande

Préchauffer le four à 350°F (180°C). Étaler les amandes sur une plaque de cuisson et cuire dans la partie supérieure du four de 6 à 8 minutes ou jusqu'à ce qu'elles soient dorées et qu'elles dégagent leur arôme. Laisser refroidir.

Dans un grand bol, mélanger les farines, le cacao, la poudre à pâte, le bicarbonate de sodium et le sel. Ajouter les amandes grillées refroidies et les mini-brisures de chocolat, si désiré, et remuer délicatement. Réserver.

Dans un autre bol, défaire le beurre en crème avec le sucre. Incorporer les œufs, la vanille et l'essence d'amande. Ajouter les ingrédients secs réservés et bien mélanger.

Graisser une plaque à biscuits ou la tapisser de papier-parchemin. Diviser la pâte en deux portions et façonner chacune en un rouleau de la même longueur que la plaque. Avec les mains humides, aplatir légèrement les rouleaux de pâte à ¾ po (2 cm).

Cuire au centre du four pendant 20 minutes. Laisser refroidir les rouleaux de pâte jusqu'à ce qu'ils soient faciles à manipuler. Couper chaque rouleau en tranches de 1 po (2,5 cm). Mettre les tranches de biscotti sur la plaque à biscuits et poursuivre la cuisson au four 6 minutes de chaque côté. Laisser refroidir sur une grille. Les biscottis se conservent jusqu'à 2 mois au garde-manger dans un contenant hermétique.

Donne 2 ½ douzaines.

Biscuits à l'avoine, au chocolat et aux pacanes

Ces biscuits sont vraiment différents des biscuits à l'avoine ordinaires: l'avoine moulue leur confère une texture plus moelleuse, tandis que les pacanes et le chocolat leur donnent une touche irrésistiblement gourmande.

- 2 ½ tasses (625 ml) de gros flocons d'avoine
- 1 tasse (250 ml) de farine de quinoa
- 1 tasse (250 ml) de farine de blé entier
- 1 c. à thé (5 ml) de bicarbonate de sodium
- 1 c. à thé (5 ml) de poudre à pâte
- ½ c. à thé (2 ml) de sel
- 1 tasse (250 ml) de beurre ramolli
- 1 tasse (250 ml) de cassonade tassée
- 2 gros œufs
- ¼ tasse (60 ml) de yogourt nature
- 1 c. à thé (5 ml) de vanille
- 1 ½ tasse (375 ml) de brisures de chocolat mi-sucré
- 1 ½ tasse (375 ml) de pacanes hachées grossièrement

Préchauffer le four à 375°F (190°C). Au robot culinaire ou au mélangeur, moudre finement les flocons d'avoine. Dans un grand bol, mélanger les flocons d'avoine moulus, les farines, le bicarbonate de sodium, la poudre à pâte et le sel.

Dans un autre grand bol, mélanger le beurre, la cassonade, les œufs, le yogourt et la vanille. Ajouter les ingrédients secs et bien mélanger. Incorporer les brisures de chocolat et les pacanes.

Façonner la pâte en boules de 2 po (5 cm) (si la pâte est trop collante pour bien se travailler, la réfrigérer pendant 20 minutes). Mettre les boules de pâte sur une grande plaque à biscuits en les espaçant d'au moins 2 po (5 cm) et les aplatir légèrement avec une fourchette.

Cuire au centre du four de 12 à 14 minutes ou jusqu'à ce que le pourtour des biscuits soit légèrement doré (ne pas trop les cuire afin qu'ils restent tendres et moelleux). Laisser refroidir complètement sur la plaque. Les biscuits se conservent jusqu'à 1 semaine au réfrigérateur ou jusqu'à 1 mois au congélateur dans un contenant hermétique.

Donne 3 douzaines.

Biscuits à l'avoine et aux raisins secs

Voici un grand favori en version santé. Vous pouvez congeler les boules de pâte non cuites jusqu'à 1 mois. Il ne vous restera qu'à cuire les biscuits pour les servir encore tout chauds quand des invités se pointeront à l'improviste. Si vous désirez des biscuits sans gluten, assurez-vous d'utiliser des ingrédients qui ne contiennent pas de gluten.

- 3 tasses (750 ml) de gros flocons d'avoine
- 1 ½ tasse (375 ml) de farine de quinoa (ou ¾ tasse/185 ml de farine de quinoa et ¾ tasse/185 ml de farine tout usage)
- ½ c. à thé (2 ml) de sel
- 1 c. à thé (5 ml) de bicarbonate de sodium
- 2 c. à thé (10 ml) de cannelle moulue
- ½ c. à thé (2 ml) de clou de girofle moulu
- 1 tasse (250 ml) de beurre ramolli
- ¼ tasse (60 ml) de sucre
- 1 tasse (250 ml) de cassonade tassée
- 2 gros œufs
- 1 c. à thé (5 ml) de vanille
- 1 ½ tasse (375 ml) de raisins secs

Préchauffer le four à 350°F (180°C). Graisser une plaque à biscuits ou la tapisser de papier-parchemin. Dans un grand bol, mélanger les flocons d'avoine, la farine, le sel, le bicarbonate de sodium, la cannelle et le clou de girofle. Réserver.

Dans un autre bol, défaire le beurre en crème avec le sucre et la cassonade. Incorporer les œufs et la vanille. Ajouter la préparation de beurre aux ingrédients secs réservés et mélanger jusqu'à ce que la préparation forme une pâte molle. Incorporer les raisins secs.

Façonner la pâte en boules de 1 ½ po (4 cm) et les aplatir à ½ po (1 cm) d'épaisseur avec la paume de la main. Mettre les biscuits sur la plaque en les espaçant d'au moins 2 po (5 cm).

Cuire au centre du four de 10 à 12 minutes ou jusqu'à ce que le pourtour des biscuits soit doré. Laisser reposer les biscuits 1 minute sur la plaque, puis les déposer sur une grille et les laisser refroidir complètement. Les biscuits se conservent jusqu'à 1 semaine au réfrigérateur dans un contenant hermétique.

Dans le sens des aiguilles d'une montre,
en commençant à droite :
Galettes à la mélasse (recette ci-contre) ;
Biscuits double chocolat (recette p. 134) ;
Biscuits tendres aux brisures de chocolat (recette p. 128)

Donne 3 douzaines.

Galettes à la mélasse

Pour obtenir des galettes moelleuses et tendres, préparez-les en suivant nos indications. Si vous les préférez plus croustillantes, faites-les cuire de 2 à 4 minutes de plus.

- ½ tasse (125 ml) de beurre
- 1 tasse (250 ml) de cassonade tassée
- 1 gros œuf
- ¼ tasse (60 ml) de mélasse
- 2 tasses (500 ml) de farine de quinoa (ou 1 tasse/250 ml de farine de quinoa et 1 tasse/250 ml de farine tout usage)
- 2 c. à thé (10 ml) de bicarbonate de sodium
- ½ c. à thé (2 ml) de sel
- 1 c. à thé (5 ml) de gingembre moulu
- 2 c. à thé (10 ml) de cannelle moulue
- ½ c. à thé (2 ml) de clou de girofle moulu
- ¼ tasse (60 ml) de sucre

Préchauffer le four à 350°F (180°C). Dans un grand bol, défaire le beurre en crème avec la cassonade. Incorporer l'œuf et la mélasse en battant.

Dans un autre grand bol, bien mélanger la farine, le bicarbonate de sodium, le sel, le gingembre, la cannelle et le clou de girofle. Ajouter la préparation de beurre réservée et mélanger jusqu'à ce que la préparation forme une pâte lisse.

Façonner la pâte en boules de 1 ½ po (4 cm). Mettre le sucre dans une assiette, y rouler les boules de pâte de manière à bien les enrober et les mettre sur une plaque à biscuits en les espaçant de 2 po (5 cm).

Cuire au centre du four de 8 à 10 minutes ou jusqu'à ce que les galettes aient gonflé et que le dessous soit légèrement doré. Laisser reposer les galettes 1 minute sur la plaque, puis les déposer sur une grille et les laisser refroidir complètement. Les galettes se conservent jusqu'à 1 semaine au réfrigérateur ou jusqu'à 1 mois au congélateur dans un contenant hermétique.

Donne 2 douzaines.

Biscuits au beurre d'arachide

2 tasses (500 ml) de farine de quinoa (ou 1 tasse/250 ml de farine de quinoa et 1 tasse/250 ml de farine tout usage)
2 c. à thé (10 ml) de bicarbonate de sodium
¼ c. à thé (1 ml) de sel
1 tasse (250 ml) de beurre
¾ tasse (185 ml) de sucre
¾ tasse (185 ml) de cassonade tassée
2 gros œufs
1 ½ tasse (375 ml) de beurre d'arachide

Préchauffer le four à 375°F (190°C). Dans un bol, mélanger la farine, le bicarbonate de sodium et le sel. Réserver.

Dans un grand bol, défaire le beurre en crème avec le sucre et la cassonade. Incorporer les œufs, puis le beurre d'arachide en battant. Ajouter petit à petit les ingrédients secs réservés et bien mélanger. Réfrigérer la pâte pendant 20 minutes.

Façonner la pâte en boules de 1 po (2,5 cm) et les mettre sur une plaque à biscuits non graissée en les espaçant de 2 po (5 cm). Aplatir les boules de pâte avec une fourchette de manière à créer un motif entrecroisé.

Cuire au centre du four de 8 à 10 minutes ou jusqu'à ce que les biscuits aient gonflé et que le pourtour soit légèrement doré. Laisser reposer les biscuits 1 minute sur la plaque, puis les déposer sur une grille et les laisser refroidir complètement. Les biscuits se conservent jusqu'à 1 semaine au réfrigérateur dans un contenant hermétique.

Donne 16 carrés.

Carrés au caramel et au café

- ⅓ tasse (80 ml) de pacanes hachées
- ⅓ tasse (80 ml) de beurre ramolli
- ½ tasse (125 ml) de cassonade tassée
- 1 gros œuf
- 2 c. à thé (10 ml) de café fort liquide (ou 1 c. à thé/5 ml de liqueur de café)
- 1 tasse (250 ml) de farine de quinoa
- 1 tasse (250 ml) de pépites de caramel croquant
- ¼ c. à thé (1 ml) de bicarbonate de sodium
- 1 pincée de sel
- 1 tasse (250 ml) de brisures de chocolat mi-sucré

Préchauffer le four à 350°F (180°C). Étaler les pacanes sur une plaque de cuisson et cuire au centre du four de 5 à 7 minutes ou jusqu'à ce qu'elles soient légèrement dorées et qu'elles dégagent leur arôme. Réserver.

Graisser un moule carré de 9 po (23 cm) et tapisser le fond de papier-parchemin. Dans un bol, défaire le beurre en crème avec la cassonade jusqu'à ce que le mélange soit lisse. Incorporer l'œuf et le café. Ajouter la farine, les pépites de caramel, le bicarbonate de sodium et le sel et bien mélanger. Presser la pâte dans le moule.

Cuire au centre du four pendant 15 minutes ou jusqu'à ce que le dessus de la pâte soit légèrement doré. Retirer du four, parsemer des brisures de chocolat et poursuivre la cuisson au four pendant 1 minute. À l'aide d'un couteau à beurre, étendre le chocolat fondu sur toute la surface de la pâte cuite. Parsemer aussitôt des pacanes réservées. Laisser refroidir complètement dans le moule et couper en carrés. Les carrés se conservent jusqu'à 1 semaine au réfrigérateur ou jusqu'à 1 mois au congélateur dans un contenant hermétique.

Donne 16 brownies.

Brownies au chocolat et au fromage à la crème

Gâteau au chocolat

1 ½ tasse (375 ml) de brisures de chocolat mi-sucré
½ tasse (125 ml) de beurre
⅓ tasse (80 ml) de sucre
2 gros œufs
½ c. à thé (2 ml) de vanille
½ tasse (125 ml) de farine de quinoa

Garniture au fromage

1 paquet de 8 oz (250 g) de fromage à la crème léger, ramolli
½ c. à thé (2 ml) de vanille
¼ tasse (60 ml) de sucre
1 gros œuf
1 c. à soupe (15 ml) de lait
2 c. à soupe (30 ml) de farine de quinoa
¼ tasse (60 ml) de brisures de chocolat mi-sucré

Gâteau. Préchauffer le four à 325°F (160°C). Graisser un moule carré de 9 po (23 cm) (ou le vaporiser d'huile végétale) et le tapisser de papier-parchemin.

Dans une petite casserole, faire fondre les brisures de chocolat avec le beurre à feu doux en remuant jusqu'à ce que la préparation soit lisse. Retirer la casserole du feu et laisser refroidir. Dans un bol, à l'aide d'un batteur électrique, battre le sucre, les œufs et la vanille. Incorporer la préparation de chocolat refroidie en battant. Ajouter la farine et mélanger jusqu'à ce que la pâte soit homogène. Étendre uniformément la pâte dans le moule.

Garniture. Dans un autre bol, à l'aide du batteur électrique (utiliser des fouets propres), battre le fromage à la crème avec la vanille, le sucre et l'œuf. Incorporer le lait et la farine. Étendre la moitié de la garniture au fromage sur la pâte au chocolat. Dans une petite casserole, faire fondre les brisures de chocolat à feu moyen-doux. Lorsque le chocolat est lisse, retirer la casserole du feu et laisser refroidir légèrement. Incorporer le chocolat fondu au reste de la garniture au fromage et bien mélanger. Arroser le gâteau de ce mélange. À l'aide d'un couteau, lisser la surface en faisant de petites volutes pour obtenir un effet marbré.

Cuire au centre du four de 30 à 35 minutes ou jusqu'à ce que le centre du gâteau reprenne sa forme après une légère pression du doigt. Laisser refroidir complètement dans le moule, réfrigérer et couper en carrés. Servir froid. Les brownies se conservent jusqu'à 1 semaine au réfrigérateur ou jusqu'à 2 mois au congélateur dans un contenant hermétique.

Donne 16 brownies.

Brownies truffés

Les amateurs se régaleront de ces brownies classiques dont la texture unique rappelle celle des truffes. C'est l'équilibre parfait entre les brownies de type fudge et ceux de type gâteau.

- 4 oz (115 g) de chocolat non sucré (4 carrés)
- ¾ tasse (185 ml) de beurre
- 1 ½ tasse (375 ml) de sucre
- 3 gros œufs
- 2 c. à thé (10 ml) de vanille
- 1 ¼ tasse (310 ml) de farine de quinoa
- ¼ tasse (60 ml) de lait
- 1 tasse (250 ml) de pacanes ou de noix de Grenoble hachées

Préchauffer le four à 350°F (180°C). Graisser et fariner légèrement un moule carré de 9 po (23 cm) (ou le vaporiser légèrement d'huile végétale et le fariner, ou le tapisser de papier-parchemin).

Dans une petite casserole, faire fondre le chocolat avec le beurre à feu doux. Ajouter le sucre en remuant sans arrêt jusqu'à ce que la préparation soit homogène. Verser la préparation de chocolat fondu dans un grand bol. Ajouter les œufs et la vanille et bien mélanger. Incorporer la farine et le lait. Ajouter les pacanes et mélanger. Étendre uniformément la pâte dans le moule.

Cuire au centre du four de 20 à 22 minutes (ne pas trop cuire les brownies afin qu'ils restent moelleux). Laisser refroidir 15 minutes dans le moule et couper en carrés. Les brownies se conservent jusqu'à 1 semaine au réfrigérateur dans un contenant hermétique.

Donne 16 carrés.

Carrés aux dattes

Ces carrés sont sans gluten si vous utilisez des flocons d'avoine sans gluten.

- 2 tasses (500 ml) de dattes dénoyautées, hachées
- ¾ tasse (185 ml) d'eau bouillante
- 1 c. à thé (5 ml) de jus de citron fraîchement pressé
- 2 ¼ tasses (560 ml) de farine de quinoa
- 2 ¼ tasses (560 ml) de gros flocons d'avoine
- ¾ tasse (185 ml) de cassonade tassée
- 1 pincée de sel
- 1 ½ tasse (375 ml) de beurre ramolli

Préchauffer le four à 375°F (190°C). Graisser un moule carré de 9 po (23 cm) ou le vaporiser d'huile végétale.

Dans une petite casserole, mélanger les dattes et l'eau. Cuire à feu moyen en remuant jusqu'à ce que l'eau ait été absorbée. Retirer la casserole du feu. Ajouter le jus de citron et mélanger. Réserver.

Dans un grand bol, mélanger la farine, les flocons d'avoine, la cassonade, le sel et le beurre jusqu'à ce que la préparation soit grumeleuse. Presser fermement la moitié de la préparation d'avoine dans le moule. Couvrir uniformément de la garniture aux dattes réservée. Parsemer du reste de la préparation d'avoine et la presser légèrement avec les mains.

Cuire au centre du four pendant 25 minutes. Laisser refroidir complètement dans le moule, réfrigérer et couper en carrés. Les carrés se conservent jusqu'à 1 semaine au réfrigérateur ou jusqu'à 2 mois au congélateur dans un contenant hermétique.

Donne 16 barres.

Barres aux framboises et à la noix de coco

Cette petite douceur est tout indiquée pour recevoir ou pour souligner une occasion spéciale.

Croûte

¾ tasse (185 ml) de cassonade tassée
½ tasse (125 ml) de beurre ramolli
½ c. à thé (2 ml) d'essence d'amande
1 gros œuf légèrement battu
1 ½ tasse (375 ml) de farine de quinoa

Garniture aux framboises

1 tasse (250 ml) de confiture de framboises
2 gros œufs légèrement battus
2 tasses (500 ml) de flocons de noix de coco non sucrés

Préchauffer le four à 350°F (180°C). Graisser un moule de 9 po x 13 po (23 cm x 33 cm) (ou le vaporiser d'huile végétale) et tapisser le fond de papier-parchemin.

Croûte. Dans un bol, bien mélanger la cassonade, le beurre et l'essence d'amande. Ajouter l'œuf et mélanger jusqu'à ce que la préparation soit homogène. Ajouter la farine et travailler la préparation jusqu'à ce qu'elle forme une pâte molle. Presser uniformément la pâte dans le fond du moule.

Garniture. Étendre la confiture sur la pâte. Dans un autre bol, mélanger les œufs et la noix de coco. Étendre uniformément ce mélange sur la confiture.

Cuire au centre du four pendant 20 minutes ou jusqu'à ce que la noix de coco soit légèrement dorée. Laisser refroidir 1 heure dans le moule et couper en barres. Les barres se conservent jusqu'à 1 semaine au réfrigérateur dans un contenant hermétique.

Donne 12 tartelettes.

Tartelettes au sirop d'érable

Vous ne devineriez jamais que ces tartelettes sont préparées avec du quinoa… et des légumineuses! Les croûtes à base de quinoa ne sont pas aussi feuilletées que les croûtes ordinaires et sont légèrement plus fragiles: il faut donc faire attention quand vous démoulez les tartelettes. Gâtez-vous en les servant coiffées d'une cuillerée de crème fouettée.

Croûtes de tartelette

1 ¼ tasse (310 ml) de farine de quinoa
3 c. à soupe (45 ml) de sucre blanc ou de sucre de canne
½ tasse (125 ml) de beurre froid, coupé en dés
1 c. à soupe (15 ml) d'eau

Garniture à l'érable

1 tasse (250 ml) de petits haricots blancs (de type navy), cuits ou en conserve
½ tasse (125 ml) de sirop d'érable
2 gros œufs
½ tasse (125 ml) de cassonade tassée
⅓ tasse (80 ml) de beurre fondu
½ tasse (125 ml) de pacanes hachées
12 pacanes (facultatif)

Croûtes. Dans un grand bol, mélanger la farine et le sucre. Ajouter le beurre et, à l'aide d'un coupe-pâte, travailler la préparation jusqu'à ce qu'elle ait la texture d'une chapelure fine. Ajouter l'eau et mélanger avec les mains jusqu'à ce que la préparation forme une pâte molle. Réfrigérer de 45 à 60 minutes.

Graisser 12 moules à muffins ou les vaporiser d'huile végétale. Sur une surface légèrement farinée, abaisser la pâte à environ ¼ po (6 mm) d'épaisseur. À l'aide d'un emporte-pièce rond de 3 po (7,5 cm) (ou d'un grand verre à eau) fariné, découper 12 cercles dans l'abaisse. Les presser délicatement dans les moules. Réserver.

Garniture. Préchauffer le four à 350°F (180°C). Au robot culinaire ou au mélangeur, réduire les haricots et le sirop d'érable en purée lisse. Sans arrêter l'appareil, ajouter les œufs, la cassonade et le beurre. Ajouter les pacanes hachées et mélanger par à-coups. Répartir la garniture dans les croûtes. Garnir chaque tartelette d'une pacane, si désiré.

Cuire au centre du four pendant 20 minutes. Laisser refroidir complètement avant de démouler. Les tartelettes se conservent jusqu'à 1 semaine au réfrigérateur dans un contenant hermétique.

Donne 1 pain.

Pain à l'irlandaise

Ce pain passe-partout accompagnera n'importe quel repas. Vous pouvez le préparer tel quel, lui ajouter du fromage ou des fines herbes comme dans nos variantes, ou mettre votre touche personnelle en le préparant avec vos herbes favorites.

1 tasse (250 ml) de lait
+ ½ c. à thé (2 ml)
1 c. à soupe (15 ml) de jus de citron fraîchement pressé
1 tasse (250 ml) de farine de quinoa
1 tasse (250 ml) de farine de blé entier
¾ c. à thé (4 ml) de bicarbonate de sodium
½ c. à thé (2 ml) de sel
3 c. à soupe (45 ml) de beurre

Préchauffer le four à 375°F (190°C). Graisser une grande plaque à biscuits (ou la vaporiser d'huile végétale, ou la tapisser de papier-parchemin). Dans un petit bol, mélanger 1 tasse (250 ml) du lait et le jus de citron. Réserver.

Dans un grand bol, mélanger les farines, le bicarbonate de sodium et le sel. Ajouter le beurre et, à l'aide d'un coupe-pâte, travailler la préparation jusqu'à ce qu'elle ait la texture d'une chapelure avec quelques morceaux de la grosseur de petits pois. Faire un puits au centre des ingrédients secs et y verser le mélange de lait réservé. En commençant par le centre, mélanger doucement les ingrédients jusqu'à ce que la préparation forme une pâte molle.

Avec les mains farinées, mettre la pâte au centre de la plaque à biscuits et la façonner en une grosse boule. Aplatir délicatement la boule de pâte à environ 2 po (5 cm) d'épaisseur et la badigeonner du reste du lait. À l'aide d'un couteau aiguisé, faire une grande entaille peu profonde en forme de X sur le dessus du pain. Cuire au centre du four de 30 à 35 minutes. Laisser refroidir légèrement sur la plaque et couper en pointes. Servir chaud.

Variantes

Pain au romarin et au parmesan. Ajoutez 1 c. à thé (5 ml) de romarin séché et ½ tasse (125 ml) de parmesan râpé aux ingrédients secs. Délicieux avec les soupes et les plats mijotés.

Pain au cheddar. Ajoutez 1 tasse (250 ml) de cheddar vieilli râpé après avoir incorporé le beurre. Parsemez le pain de ¼ tasse (60 ml) de cheddar avant de le cuire.

Donne 20 biscuits.

Pains-biscuits aux fines herbes

L'arôme de fines herbes qui se dégage pendant la cuisson de ces pains-biscuits donne envie de les servir dès qu'ils sortent du four. C'est d'ailleurs de cette façon qu'ils sont à leur meilleur, accompagnés de beurre.

- 1 tasse (250 ml) de farine de quinoa
- 1 tasse (250 ml) de farine de blé entier
- 1 c. à soupe (15 ml) de poudre à pâte
- 1 c. à thé (5 ml) de bicarbonate de sodium
- ¼ c. à thé (1 ml) de sel
- ½ tasse (125 ml) de beurre
- ¼ tasse (60 ml) de persil frais, haché
- 1 c. à soupe (15 ml) d'aneth frais, haché
- ¾ tasse (185 ml) de babeurre ou de lait sur (voir p. 23)

Préchauffer le four à 425°F (220°C). Dans un grand bol, mélanger les farines, la poudre à pâte, le bicarbonate de sodium et le sel. Ajouter le beurre et, à l'aide d'un coupe-pâte, travailler la préparation jusqu'à ce qu'elle soit grumeleuse. Ajouter le persil et l'aneth et bien mélanger. Ajouter le babeurre et mélanger jusqu'à ce que la pâte soit homogène.

Sur une surface farinée, pétrir délicatement la pâte pendant quelques minutes. Aplatir la pâte ou l'abaisser à ½ po (1 cm) d'épaisseur. À l'aide d'un emporte-pièce rond de 3 po (7,5 cm) fariné, découper des cercles dans l'abaisse. Déposer les pains-biscuits sur une plaque à biscuits non graissée en les espaçant de ½ po (1 cm).

Cuire au centre du four de 10 à 12 minutes ou jusqu'à ce que les pains-biscuits soient légèrement dorés. Déposer les pains-biscuits sur une grille et les laisser refroidir. Servir à la température ambiante ou chaud (au besoin, les réchauffer de 1 à 2 minutes au four ou au four grille-pain). Les pains-biscuits se conservent jusqu'à 2 jours au réfrigérateur dans un contenant hermétique.

Chapitre 6

DESSERTS ALLÉCHANTS

Pour se sucrer le bec !

Se sucrer le bec avec des ingrédients santé? C'est possible avec le quinoa. De la petite douceur fruitée à la gourmandise chocolatée, nous avons de quoi satisfaire tous les palais. Vous voulez souligner un événement spécial, impressionner vos invités à votre prochaine réception ou varier la routine des soupers en famille ? Vous trouverez ici des desserts originaux. Vous cherchez une douceur qui fera l'unanimité ou une gâterie juste pour vous? Préparez le Pouding ultime au chocolat ou le Gâteau au fromage, aux pommes et à la cannelle. Seule précaution: assurez-vous d'utiliser des flocons d'avoine et de la poudre à pâte sans gluten si vous désirez des desserts sans gluten.

8 portions

Gâteau au fromage, aux pommes et à la cannelle

Croûte

1 1/4 tasse (310 ml) de farine de quinoa
1/4 tasse (60 ml) de sucre blanc ou de sucre de canne
1 c. à thé (5 ml) de cannelle moulue
1/2 tasse (125 ml) de beurre ramolli
1 c. à soupe (15 ml) d'eau

Garniture au fromage

1 paquet de 8 oz (250 g) de fromage à la crème léger, ramolli
1/4 tasse (60 ml) de sucre blanc ou de sucre de canne
1 gros œuf
1 c. à soupe (15 ml) de farine de quinoa
2 c. à thé (10 ml) de jus de citron fraîchement pressé
1/2 c. à thé (2 ml) de vanille

Garniture aux pommes

2 pommes vertes (de type Granny Smith) pelées et coupées en tranches de 1/4 po (6 mm) d'épaisseur
2 c. à soupe (30 ml) de sucre blanc ou de sucre de canne
1/2 c. à thé (2 ml) de cannelle moulue

Préchauffer le four à 350°F (180°C). (Si vous utilisez un moule à tarte en métal, préchauffez le four à 325°F/160°C.) Graisser un moule à tarte de 9 po (23 cm) ou le vaporiser légèrement d'huile végétale.

Croûte. Dans un grand bol, mélanger la farine, le sucre et la cannelle. Ajouter le beurre et travailler la préparation avec les doigts jusqu'à ce qu'elle ait la texture d'une chapelure grossière. Arroser la préparation de l'eau et mélanger avec les mains jusqu'à ce qu'elle forme une pâte molle. Presser uniformément la pâte dans le moule à tarte. Réserver.

Garniture au fromage. Dans un bol, mélanger le fromage à la crème et le sucre. À l'aide d'un batteur électrique, incorporer l'œuf, la farine, le jus de citron et la vanille jusqu'à ce que la préparation soit homogène. Étendre la garniture au fromage dans la croûte réservée.

Garniture aux pommes. Dans un autre bol, mélanger les tranches de pommes avec le sucre et la cannelle de manière à bien les enrober. Disposer délicatement les tranches de pommes sur la garniture au fromage.

Cuire au centre du four pendant 1 heure ou jusqu'à ce que les pommes soient tendres (si la croûte ou les pommes dorent trop rapidement, couvrir le gâteau de papier d'aluminium pour le reste de la cuisson). Laisser refroidir complètement dans le moule et couper en pointes.

15 portions

Gâteau aux pommes et aux pépites de caramel

- ½ tasse (125 ml) de beurre ramolli
- 1 tasse (250 ml) de cassonade tassée
- 2 gros œufs
- 1 ½ c. à thé (7 ml) de vanille
- 1 tasse (250 ml) de yogourt nature ou de crème sure
- 1 tasse (250 ml) de farine de quinoa
- 1 tasse (250 ml) de farine de blé entier
- 1 c. à thé (5 ml) de poudre à pâte
- 1 c. à thé (5 ml) de bicarbonate de sodium
- ¼ c. à thé (1 ml) de sel
- 2 tasses (500 ml) de pommes pelées et coupées en dés
- 1 paquet de 200 g de pépites de caramel croquant
- ¾ c. à thé (4 ml) de cannelle moulue

Préchauffer le four à 350°F (180°C). Graisser légèrement un moule de 9 po x 13 po (23 cm x 33 cm).

Dans un grand bol, battre le beurre avec ⅔ tasse (160 ml) de la cassonade, les œufs et la vanille. Incorporer le yogourt.

Dans un autre bol, bien mélanger les farines, la poudre à pâte, le bicarbonate de sodium et le sel. Incorporer les ingrédients secs à la préparation de beurre en soulevant délicatement la masse. Incorporer les pommes et les pépites de caramel de la même manière. Étendre uniformément la pâte dans le moule. Dans un petit bol, mélanger le reste de la cassonade et la cannelle. Parsemer ce mélange sur la pâte.

Cuire au centre du four de 30 à 35 minutes ou jusqu'à ce qu'un cure-dents inséré au centre du gâteau en ressorte propre. Laisser refroidir dans le moule et couper en morceaux. Le gâteau se conserve jusqu'à 2 jours au réfrigérateur dans un contenant hermétique.

16 portions

Gâteau aux carottes

Gâteau aux carottes

- 2 tasses (500 ml) de farine de quinoa
- 2 ½ c. à thé (12 ml) de cannelle moulue
- 2 c. à thé (10 ml) de poudre à pâte
- 2 c. à thé (10 ml) de bicarbonate de sodium
- ½ c. à thé (2 ml) de sel
- ¼ c. à thé (1 ml) de muscade moulue
- 1 tasse (250 ml) de pacanes ou de noix de Grenoble hachées finement
- 1 tasse (250 ml) de sucre blanc ou de sucre de canne
- ¾ tasse (185 ml) d'huile végétale
- 4 gros œufs
- 1 tasse (250 ml) de purée de pommes non sucrée
- 2 c. à thé (10 ml) de vanille
- 3 tasses (750 ml) de carottes râpées

Glaçage au fromage

- 1 paquet de 8 oz (250 g) de fromage à la crème léger, ramolli
- ⅓ tasse (80 ml) de beurre ramolli
- 2 c. à thé (10 ml) de jus de citron
- 1 ½ tasse (375 ml) de sucre glace
- ¼ tasse (60 ml) de pacanes ou de noix de Grenoble hachées finement (facultatif)

Préchauffer le four à 350°F (180°C). Graisser légèrement un moule de 9 po x 13 po (23 cm x 33 cm) et tapisser le fond de papier-parchemin.

Gâteau. Dans un grand bol, mélanger la farine, la cannelle, la poudre à pâte, le bicarbonate de sodium, le sel et la muscade. Ajouter les pacanes et mélanger. Réserver.

Dans un autre bol, à l'aide d'un fouet, mélanger le sucre et l'huile. Ajouter les œufs, la purée de pommes et la vanille en fouettant. Ajouter les carottes et mélanger. Verser le mélange de carottes sur les ingrédients secs réservés et mélanger jusqu'à ce que la pâte soit homogène, sans plus. Verser la pâte dans le moule.

Cuire au centre du four pendant 45 minutes. Laisser refroidir complètement dans le moule.

Glaçage. Dans un autre bol, à l'aide d'un batteur électrique, bien battre le fromage à la crème avec le beurre. Incorporer petit à petit le jus de citron et le sucre glace jusqu'à ce que le glaçage soit lisse et crémeux.

Étendre uniformément le glaçage sur le gâteau refroidi et parsemer des pacanes, si désiré. Couper en morceaux. Le reste du gâteau se conserve jusqu'à 1 semaine au réfrigérateur dans un contenant hermétique.

8 à 16 portions

Gâteaux moelleux au chocolat

Personne ne croira que ces gâteaux au chocolat sont préparés avec des grains de quinoa et qu'ils ne contiennent pas de farine !

- ⅔ tasse (160 ml) de quinoa blanc ou doré
- 1 ⅓ tasse (330 ml) d'eau
- ⅓ tasse (80 ml) de lait
- 4 gros œufs
- 1 c. à thé (5 ml) de vanille
- ¾ tasse (185 ml) de beurre fondu et refroidi
- 1 ½ tasse (375 ml) de sucre blanc ou de sucre de canne
- 1 tasse (250 ml) de poudre de cacao
- 1 ½ c. à thé (7 ml) de poudre à pâte
- ½ c. à thé (2 ml) de bicarbonate de sodium
- ½ c. à thé (2 ml) de sel
- Glaçage (facultatif)

Mettre le quinoa dans une casserole, ajouter l'eau et porter à ébullition. Réduire à feu doux, couvrir et cuire pendant 10 minutes. Éteindre le feu et laisser reposer pendant 10 minutes sans découvrir la casserole. Détacher les grains de quinoa avec une fourchette et laisser refroidir à découvert.

Préchauffer le four à 350°F (180°C). Graisser légèrement deux moules à gâteau ronds ou carrés de 8 po (20 cm) et tapisser le fond de papier-parchemin.

Au robot culinaire ou au mélangeur, mélanger le lait, les œufs et la vanille. Ajouter 2 tasses (500 ml) du quinoa refroidi et le beurre et mélanger jusqu'à ce que la préparation soit lisse.

Dans un grand bol, à l'aide d'un fouet, mélanger le sucre, le cacao, la poudre à pâte, le bicarbonate de sodium et le sel. Verser la préparation de quinoa sur les ingrédients secs et bien mélanger. Répartir la pâte dans les moules.

Cuire au centre du four de 40 à 45 minutes ou jusqu'à ce qu'un couteau inséré au centre des gâteaux en ressorte propre. Laisser refroidir complètement avant de démouler. Glacer, si désiré. Les gâteaux se conservent jusqu'à 1 semaine au réfrigérateur ou jusqu'à 1 mois au congélateur dans un contenant hermétique.

8 à 12 portions

Gâteau au chocolat fondant

Vos invités croiront que ce gâteau riche et dense, couvert d'une onctueuse ganache, vient d'une pâtisserie réputée. Plus grande sera la qualité du chocolat, meilleure sera la ganache (n'utilisez pas de chocolat au lait). Si vous utilisez du chocolat en morceaux plutôt que des brisures, hachez-le afin qu'il fonde bien. Préparez ce gâteau la veille de votre réception.

- 1 tasse (250 ml) de beurre
- 2 tasses (500 ml) de brisures de chocolat mi-sucré
- 1 ¼ tasse (310 ml) de sucre blanc ou de sucre de canne
- 1 tasse (250 ml) de poudre de cacao
- ½ tasse (125 ml) de farine de quinoa
- 5 gros œufs
- ⅓ tasse (80 ml) de crème sure
- ¾ tasse (185 ml) de crème à 35 %
- 1 c. à thé (5 ml) de vanille
- 2 tasses (500 ml) de framboises fraîches (facultatif)

Préchauffer le four à 350°F (180°C). Graisser légèrement un moule à charnière de 10 po (25 cm) (ou le vaporiser d'huile végétale) et tapisser le fond de papier-parchemin.

Dans une petite casserole, faire fondre le beurre à feu moyen-doux. Ajouter 1 tasse (250 ml) des brisures de chocolat et remuer jusqu'à ce qu'elles soient presque complètement fondues. Retirer la casserole du feu. Réserver.

Dans un grand bol, à l'aide d'un fouet, mélanger le sucre, le cacao et la farine. Ajouter les œufs et la crème sure en fouettant jusqu'à ce que la préparation soit homogène. Incorporer la préparation de chocolat fondu réservée en fouettant. Verser la pâte dans le moule.

Cuire au centre du four de 40 à 45 minutes ou jusqu'à ce qu'un cure-dents inséré au centre du gâteau en ressorte propre. Laisser refroidir dans le moule (couvrir le dessus du gâteau d'un morceau de papier d'aluminium pour l'empêcher de sécher). Lorsque le gâteau est complètement refroidi, retirer la paroi du moule. Démouler le gâteau sur une assiette de service plate et retirer le papier-parchemin.

Mettre le reste des brisures de chocolat dans un bol. Dans une petite casserole, porter la crème au point d'ébullition (attention de ne pas la laisser déborder). Verser la crème chaude sur le chocolat. À l'aide d'un fouet, remuer jusqu'à ce que la ganache soit lisse. Incorporer la vanille. Laisser refroidir brièvement (3 minutes). En commençant par le centre, verser doucement la ganache en une spirale sur le dessus du gâteau de manière à le couvrir complètement. (Si vous n'avez pas assez de ganache pour couvrir le gâteau jusqu'au bord, inclinez-le légèrement pour qu'elle s'étende.) Réfrigérer jusqu'à ce que le gâteau soit bien froid. Garnir de framboises, si désiré. Le gâteau se conserve jusqu'à 1 semaine au réfrigérateur couvert d'une pellicule de plastique.

8 portions

Gâteau-pouding aux bleuets

Ce gâteau-pouding est délicieux servi chaud, coiffé d'une boule de crème glacée.

- 2 tasses (500 ml) de bleuets frais ou surgelés
- ⅓ tasse (80 ml) de sucre blanc ou de sucre de canne
- 1 gros œuf
- ⅓ tasse (80 ml) de cassonade tassée
- ⅓ tasse (80 ml) de beurre fondu
- ½ tasse (125 ml) de lait
- 1 tasse (250 ml) de farine de quinoa

Préchauffer le four à 350°F (180°C). Graisser légèrement un moule rond de 8 po (20 cm) ou le vaporiser d'huile végétale.

Dans un petit bol, mélanger les bleuets avec le sucre de manière à bien les enrober. Étendre uniformément le mélange de bleuets dans le moule.

Dans un bol, à l'aide d'un fouet, mélanger l'œuf et la cassonade. Ajouter le beurre et le lait et mélanger jusqu'à ce que la préparation soit homogène. Incorporer la farine en soulevant délicatement la masse jusqu'à ce que la pâte soit lisse. Verser la pâte sur le mélange de bleuets.

Cuire au centre du four de 25 à 30 minutes ou jusqu'à ce que le dessus du gâteau-pouding soit doré. Couper en morceaux et servir chaud, nappé de la garniture aux bleuets.

9 portions

Gâteau aux dattes et au caramel

Ce gâteau délicieusement moelleux sera meilleur servi le jour même de sa préparation. Un régal avec de la crème fouettée ou de la crème glacée.

Gâteau aux dattes

- 1 ¾ tasse (435 ml) de dattes dénoyautées, hachées
- 1 tasse (250 ml) d'eau bouillante
- 1 tasse (250 ml) de farine tout usage
- ¾ tasse (185 ml) de farine de quinoa
- 2 c. à thé (10 ml) de poudre à pâte
- 1 c. à thé (5 ml) de bicarbonate de sodium
- ½ tasse (125 ml) de beurre ramolli
- 1 tasse (250 ml) de cassonade tassée
- 2 gros œufs
- ½ c. à thé (2 ml) de vanille

Sauce au caramel

- ¾ tasse (185 ml) de crème à 15 %
- 1 tasse (250 ml) de cassonade tassée
- ⅓ tasse (80 ml) de beurre
- ½ tasse (125 ml) de pacanes hachées

Préchauffer le four à 350°F (180°C). Graisser un moule carré de 9 po (23 cm) ou le vaporiser d'huile végétale.

Gâteau. Dans un bol, mélanger les dattes et l'eau bouillante et laisser reposer jusqu'à ce que les dattes aient absorbé l'eau. Réserver.

Dans un grand bol, bien mélanger les farines, la poudre à pâte et le bicarbonate de sodium. Dans un autre grand bol, battre le beurre, la cassonade, les œufs et la vanille. Ajouter les ingrédients secs et mélanger jusqu'à ce que la préparation soit homogène. Incorporer les dattes réservées en soulevant délicatement la masse. Verser la pâte dans le moule. Cuire au centre du four pendant 35 minutes.

Sauce. Dans une casserole, mélanger la crème, la cassonade et le beurre et porter à ébullition à feu vif. Réduire à feu moyen-doux et cuire, en remuant sans arrêt, de 15 à 20 minutes ou jusqu'à ce que le mélange ait la consistance d'une sauce épaisse.

Retirer le gâteau du four. Verser les trois quarts de la sauce au caramel sur le dessus du gâteau et poursuivre la cuisson au four pendant 5 minutes. Laisser refroidir légèrement. Parsemer des pacanes. Couper en morceaux et arroser chacun du reste de la sauce au caramel. Servir chaud.

10 à 12 portions

Pain au citron et aux graines de pavot

½ tasse (125 ml) de beurre ramolli
1 tasse (250 ml) de sucre
+ ½ tasse (125 ml)
3 gros œufs
½ tasse (125 ml) de crème sure légère
1 c. à thé (5 ml) de vanille
1 ½ tasse (375 ml) de farine de quinoa
2 c. à thé (10 ml) de poudre à pâte
¼ c. à thé (1 ml) de sel
3 c. à soupe (45 ml) de graines de pavot
2 c. à soupe (30 ml) de zeste de citron râpé (environ 2 citrons)
⅓ tasse (80 ml) de jus de citron fraîchement pressé (1 à 2 citrons)

Préchauffer le four à 350°F (180°C). Graisser légèrement un moule à pain de 8 po x 4 po (20 cm x 10 cm) (ou le vaporiser d'huile végétale, ou tapisser le fond de papier-parchemin).

Dans un grand bol, défaire le beurre en crème avec 1 tasse (250 ml) du sucre. À l'aide d'un fouet, incorporer les œufs, la crème sure et la vanille jusqu'à ce que le mélange soit lisse et crémeux.

Dans un bol, bien mélanger la farine, la poudre à pâte, le sel, les graines de pavot et le zeste de citron. Incorporer les ingrédients secs à la préparation de beurre en fouettant jusqu'à ce que la pâte soit lisse. Verser la pâte dans le moule.

Cuire au centre du four de 40 à 45 minutes ou jusqu'à ce qu'un cure-dents inséré au centre du pain en ressorte propre. Laisser refroidir complètement avant de démouler.

Dans une petite casserole, mélanger le jus de citron et le reste du sucre. Cuire à feu moyen en remuant sans arrêt jusqu'à ce que le sucre soit complètement dissous. Laisser refroidir.

À l'aide d'un cure-dents, piquer les côtés et le dessous du pain refroidi et les badigeonner de la moitié de la glace au citron refroidie. Piquer le dessus du pain et le badigeonner du reste de la glace. Couper en tranches. Le pain se conserve jusqu'à 1 semaine au réfrigérateur dans un contenant hermétique.

10 à 12 portions

Pain à l'orange et aux canneberges

Pour une version sans gluten, utilisez de la farine de tapioca plutôt que de la farine tout usage.

- ⅔ tasse (160 ml) de quinoa blanc ou doré
- 1 ⅓ tasse (330 ml) d'eau
- ½ tasse (125 ml) de jus d'orange
- ¼ tasse (60 ml) d'huile végétale
- 2 gros œufs
- 1 c. à soupe (15 ml) de zeste d'orange râpé
- 1 c. à thé (5 ml) de vanille
- ½ tasse (125 ml) de farine tout usage ou de farine de tapioca
- ⅓ tasse (80 ml) de sucre blanc ou de sucre de canne
- 2 c. à thé (10 ml) de poudre à pâte
- ¼ c. à thé (1 ml) de sel
- 1 tasse (250 ml) de canneberges séchées

Mettre le quinoa dans une casserole, ajouter l'eau et porter à ébullition. Réduire à feu doux, couvrir et cuire pendant 10 minutes. Éteindre le feu et laisser reposer pendant 10 minutes sans découvrir la casserole. Détacher les grains de quinoa avec une fourchette et laisser refroidir à découvert.

Préchauffer le four à 350°F (180°C). Graisser légèrement un moule à pain de 9 po x 5 po (23 cm x 13 cm) (ou le vaporiser d'huile végétale) et tapisser le fond de papier-parchemin (le pain sera plus facile à démouler).

Au robot culinaire ou au mélangeur, mélanger le jus d'orange, l'huile, les œufs, le zeste d'orange et la vanille. Ajouter 2 tasses (500 ml) du quinoa refroidi et mélanger jusqu'à ce que la préparation soit presque lisse.

Dans un grand bol, mélanger la farine, le sucre, la poudre à pâte et le sel. Ajouter les canneberges et mélanger pour bien les enrober. Verser petit à petit la préparation de quinoa sur les ingrédients secs et mélanger. Verser la pâte dans le moule.

Cuire au centre du four de 45 à 55 minutes ou jusqu'à ce qu'un couteau inséré au centre du pain en ressorte propre. Laisser refroidir, puis démouler et couper en tranches. Le pain se conserve jusqu'à 4 jours au réfrigérateur ou jusqu'à 1 mois au congélateur dans un contenant hermétique.

6 à 8 portions

Gâteau renversé à l'ananas

Coiffé d'une cuillerée de crème fouettée, ce gâteau séduira vos invités à coup sûr.

⅓ tasse (80 ml) de beurre
+ ⅓ tasse (80 ml) de beurre ramolli
⅔ tasse (160 ml) de cassonade tassée
1 boîte de 19 oz (540 ml) d'ananas en morceaux, égoutté
⅔ tasse (160 ml) de farine tout usage
⅔ tasse (160 ml) de farine de quinoa
⅓ tasse (80 ml) de sucre
2 c. à thé (10 ml) de poudre à pâte
¼ c. à thé (1 ml) de sel
⅔ tasse (160 ml) de babeurre
1 gros œuf
½ c. à thé (2 ml) de vanille

Préchauffer le four à 350°F (180°C). Graisser légèrement un moule à pain de 8 po x 4 po (20 cm x 10 cm) ou le vaporiser d'huile végétale.

Dans une petite casserole, mélanger ⅓ tasse (80 ml) du beurre et la cassonade et cuire à feu moyen en remuant de temps à autre jusqu'à ce que la cassonade soit dissoute. Ajouter l'ananas et mélanger pour bien l'enrober. Étendre la moitié de la garniture à l'ananas dans le fond du moule. Réserver le reste de la garniture.

Dans un bol, mélanger les farines, le sucre, la poudre à pâte et le sel. Dans un autre bol, mélanger le beurre ramolli, le babeurre, l'œuf et la vanille. Ajouter la préparation de beurre aux ingrédients secs et bien mélanger. Verser la pâte dans le moule et couvrir de la garniture à l'ananas réservée. Passer délicatement la lame d'un couteau dans la garniture pour la faire pénétrer légèrement dans la pâte.

Cuire au centre du four pendant 45 minutes ou jusqu'à ce qu'un cure-dents inséré au centre du gâteau en ressorte propre. Laisser refroidir au moins 20 minutes, puis démouler le gâteau dans une assiette en retournant le moule et couper en tranches.

6 à 8 portions

Pains à la citrouille

Pour une version ultra gourmande, couvrez ces pains du glaçage au fromage à la crème de notre Gâteau aux carottes (voir p. 157). Vous n'aurez besoin que d'une demi-recette du glaçage pour les deux pains.

2 ¼ tasses (560 ml) de farine de quinoa
1 tasse (250 ml) de farine tout usage
2 c. à thé (10 ml) de bicarbonate de sodium
1 c. à thé (5 ml) de cannelle moulue
1 c. à thé (5 ml) de muscade moulue
½ c. à thé (2 ml) de sel
⅔ tasse (160 ml) de lait
1 c. à soupe (15 ml) de vinaigre blanc
2 tasses (500 ml) de purée de citrouille
¾ tasse (185 ml) de cassonade tassée
¾ tasse (185 ml) de sucre
½ tasse (125 ml) de purée de pommes
½ tasse (125 ml) d'huile végétale
4 gros œufs

Préchauffer le four à 350°F (180°C). Graisser légèrement deux moules à pain de 9 po x 5 po (23 cm x 13 cm) ou les vaporiser d'huile végétale.

Dans un grand bol, mélanger les farines, le bicarbonate de sodium, la cannelle, la muscade et le sel. Réserver. Dans un petit bol, mélanger le lait et le vinaigre. Réserver. Dans un autre grand bol, mélanger la purée de citrouille, la cassonade, le sucre, la purée de pommes et l'huile. Incorporer le mélange de lait réservé et les œufs. Verser petit à petit la préparation de citrouille sur les ingrédients secs réservés et mélanger. Répartir la pâte dans les moules.

Cuire au centre du four de 55 à 60 minutes. Laisser refroidir complètement, puis démouler et couper en tranches.

9 portions

Gâteau aux framboises

½ tasse (125 ml) de beurre ramolli
¾ tasse (185 ml) de sucre
1 tasse (250 ml) de crème sure
2 gros œufs
1 c. à thé (5 ml) de vanille
1 tasse (250 ml) de farine de quinoa
1 tasse (250 ml) de farine tout usage
1 ½ c. à thé (7 ml) de poudre à pâte
1 ½ c. à thé (7 ml) de bicarbonate de sodium
2 tasses (500 ml) de framboises fraîches ou surgelées
½ tasse (125 ml) de cassonade tassée
1 c. à thé (5 ml) de cannelle moulue
2 c. à soupe (30 ml) de beurre fondu

Préchauffer le four à 375°F (190°C). Graisser légèrement un moule carré de 9 po (23 cm) (ou le vaporiser d'huile végétale) et le tapisser de papier-parchemin.

Dans un grand bol, mélanger le beurre ramolli et le sucre. Incorporer la crème sure, les œufs et la vanille. Réserver.

Dans un autre bol, mélanger les farines, la poudre à pâte et le bicarbonate de sodium. Ajouter les framboises et mélanger délicatement pour bien les enrober. Ajouter les ingrédients secs à la préparation de beurre réservée et bien mélanger. Verser la pâte dans le moule. Dans un petit bol, mélanger la cassonade, la cannelle et le beurre fondu. Arroser la pâte de ce mélange.

Cuire au centre du four de 40 à 45 minutes. Laisser refroidir complètement dans le moule et couper en carrés.

Donne 1 croûte de tarte de 9 po (23 cm) ou 12 croûtes de tartelette.

Croûte de tarte de base I

Cette croûte est légèrement moins feuilletée qu'une croûte de tarte ordinaire. Laissez tomber la cannelle et le sucre si vous cuisinez une préparation salée comme une quiche. Pour une version sans gluten, utilisez de la farine de tapioca plutôt que de la farine de blé entier.

1 tasse (250 ml) de farine de quinoa
¼ tasse (60 ml) de farine de blé entier ou de farine de tapioca
3 c. à soupe (45 ml) de sucre blanc ou de sucre de canne (facultatif)
½ c. à thé (2 ml) de cannelle moulue (facultatif)
½ tasse (125 ml) de beurre fondu, légèrement refroidi
1 c. à soupe (15 ml) d'eau

Préchauffer le four à 350°F (180°C). Graisser légèrement un moule à tarte de 9 po (23 cm).

Dans un bol, bien mélanger les farines, le sucre et la cannelle, si désiré. Incorporer le beurre fondu. Ajouter l'eau et mélanger avec les mains jusqu'à ce que la préparation forme une pâte molle. Presser uniformément la pâte dans le moule à tarte.

Croûte sans garniture. Cuire au centre du four de 10 à 12 minutes. Laisser refroidir complètement avant de garnir.

Croûte avec garniture. Cuire selon les indications de la recette (au besoin, couvrir la croûte de papier d'aluminium pour l'empêcher de trop dorer).

Croûte avec garniture liquide (comme une garniture aux fruits). Cuire la croûte de 7 à 8 minutes avant de la garnir.

Donne 1 croûte de tarte de 9 po (23 cm) ou 12 croûtes de tartelette.

Croûte de tarte de base II

Cette croûte santé convient à la plupart de vos garnitures favorites. Sa délicate saveur de noisettes mettra en valeur les gâteaux au fromage, les tartelettes et même les quiches. Bien entendu, vous omettrez le sucre dans les préparations salées comme les quiches.

1 ¼ tasse (310 ml) de farine de quinoa
3 c. à soupe (45 ml) de sucre blanc ou de sucre de canne
½ tasse (125 ml) de beurre ramolli
1 c. à soupe (15 ml) d'eau

Préchauffer le four à 375°F (190°C). Graisser un moule à tarte de 9 po (23 cm) ou le vaporiser d'huile végétale.

Dans un grand bol, mélanger la farine et le sucre. Ajouter le beurre et travailler la préparation avec les doigts jusqu'à ce qu'elle ait la texture d'une chapelure grossière. Arroser la préparation de l'eau et mélanger avec les mains jusqu'à ce qu'elle forme une pâte molle. Réfrigérer de 45 à 60 minutes.

Sur une surface légèrement farinée, abaisser la pâte en un cercle assez grand pour couvrir le fond et la paroi du moule à tarte. Presser l'abaisse dans le moule.

Croûte sans garniture. À l'aide d'une fourchette, piquer le fond de la croûte pour éviter qu'elle ne gonfle pendant la cuisson. Cuire au centre du four pendant 15 minutes. Laisser refroidir complètement avant de garnir.

Croûte avec garniture. Cuire selon les indications de la recette (au besoin, couvrir la croûte de papier d'aluminium pour l'empêcher de trop dorer).

PIES-CAL

8 portions

Tarte à la citrouille et aux pacanes

Pour une version sans gluten, utilisez de la farine de tapioca plutôt que de la farine de blé entier pour préparer la croûte.

Tarte à la citrouille

- 1 boîte de 14 oz (398 ml) de purée de citrouille (ou ¾ tasse/185 ml de purée de citrouille fraîche)
- 2 gros œufs
- ½ tasse (125 ml) de lait
- ½ tasse (125 ml) de cassonade tassée
- 2 c. à soupe (30 ml) de farine de quinoa
- ½ c. à thé (2 ml) de sel
- ½ c. à thé (2 ml) de cannelle moulue
- ½ c. à thé (2 ml) de macis moulu
- ¼ c. à thé (1 ml) de muscade moulue
- ¼ c. à thé (1 ml) de gingembre moulu
- 1 croûte de tarte de base I, non cuite (voir p. 169)

Garniture aux pacanes

- 1 tasse (250 ml) de pacanes
- ⅓ tasse (80 ml) de cassonade tassée
- 2 c. à soupe (30 ml) de beurre fondu
- 1 tasse (250 ml) de crème à 35 %, fouettée (facultatif)

Tarte. Préchauffer le four à 375°F (190°C). Dans un bol, à l'aide d'un fouet, mélanger la purée de citrouille, les œufs, le lait et la cassonade. Ajouter la farine, le sel, la cannelle, le macis, la muscade et le gingembre en fouettant. Verser la garniture à la citrouille dans la croûte de tarte. Cuire au centre du four pendant 25 minutes.

Garniture. Entre-temps, dans un petit bol, mélanger les pacanes avec la cassonade et le beurre de manière à les enrober légèrement. Retirer la tarte du four et parsemer uniformément ce mélange sur la garniture à la citrouille. Réduire la température du four à 350°F (180°C) et poursuivre la cuisson au four de 20 à 25 minutes ou jusqu'à ce que le centre de la garniture soit ferme (si la tarte devient trop foncée, la couvrir de papier d'aluminium, sans serrer, pour le reste de la cuisson). Laisser refroidir complètement. Accompagner la tarte de crème fouettée, si désiré.

Donne 1 tarte de 9 po (23 cm).

Tarte aux bleuets, garniture streusel

Pour une version sans gluten, utilisez de la farine de tapioca plutôt que de la farine de blé entier pour la préparation de la croûte.

Tarte aux bleuets

- 1 croûte de tarte de base I, non cuite (voir p. 169)
- 4 tasses (1 L) de bleuets ou de petits fruits mélangés, surgelés
- ⅓ tasse (80 ml) de sucre blanc ou de sucre de canne
- ¼ tasse (60 ml) de fécule de maïs
- 1 c. à soupe (15 ml) de jus de citron fraîchement pressé
- 1 c. à thé (5 ml) de zeste de citron râpé

Garniture streusel

- ⅓ tasse (80 ml) de cassonade tassée
- ¾ tasse (185 ml) de flocons d'avoine (à cuisson rapide ou gros flocons)
- ¼ tasse (60 ml) de farine de quinoa
- ½ c. à thé (2 ml) de cannelle moulue
- ¼ tasse (60 ml) de beurre fondu
- crème glacée (facultatif)

Tarte. Préchauffer le four à 350°F (180°C). (Si vous utilisez un moule à tarte en métal, préchauffez le four à 325°F/160°C.) Cuire la croûte de tarte pendant 8 minutes. Réserver.

Dans un grand bol, mélanger les bleuets, le sucre, la fécule de maïs, le jus et le zeste de citron. Étendre la garniture aux bleuets dans la croûte réservée.

Garniture. Dans un petit bol, mélanger la cassonade, les flocons d'avoine, la farine et la cannelle. Ajouter le beurre et travailler la préparation jusqu'à ce qu'elle soit homogène. Parsemer cette préparation sur la garniture aux bleuets.

Cuire au centre du four pendant 30 minutes. Couvrir la tarte de papier d'aluminium pour l'empêcher de trop dorer et poursuivre la cuisson au four de 25 à 30 minutes ou jusqu'à ce que la garniture aux bleuets soit bouillonnante sur le pourtour. Laisser refroidir complètement. Accompagner de crème glacée, si désiré.

4 à 6 portions

Pouding aux bananes caramélisées

Un petit dessert sans façon vraiment facile à préparer: il suffit simplement de caraméliser des bananes dans une casserole, puis d'ajouter du quinoa et de la crème fouettée. Un vrai délice !

- ⅓ tasse (80 ml) de quinoa
- ⅔ tasse (160 ml) d'eau
- 2 c. à soupe (30 ml) de beurre
- ¼ tasse (60 ml) de cassonade tassée
- 1 ¼ tasse (310 ml) de bananes coupées en tranches
- 1 tasse (250 ml) de crème à 35 %, fouettée

Dans une casserole, mettre le quinoa, ajouter l'eau et porter à ébullition. Réduire à feu doux, couvrir et cuire pendant 10 minutes. Éteindre le feu et laisser reposer pendant 15 minutes sans découvrir la casserole. Détacher les grains de quinoa avec une fourchette et laisser refroidir à découvert.

Dans une autre casserole, faire fondre le beurre à feu moyen. Ajouter la cassonade et les bananes et cuire, en remuant, jusqu'à ce que les bananes soient chaudes et bien enrobées. Retirer la casserole du feu. Ajouter le quinoa refroidi et mélanger. Incorporer la crème fouettée en soulevant délicatement la masse. Servir aussitôt.

4 à 6 portions

Pouding crémeux au quinoa

Voici le pouding au tapioca revu et corrigé. Cette version au quinoa est plus nutritive, plus rapide à préparer et tout aussi délicieuse. Pour lui donner une touche différente, servez le pouding avec des petits fruits frais ou remplacez la vanille par votre liqueur de fruit, de café ou d'amande favorite.

⅓ tasse (80 ml) de quinoa
⅔ tasse (160 ml) d'eau
2 tasses (500 ml) de crème à 10 %
2 gros œufs
¼ tasse (60 ml) de sucre blanc ou de sucre de canne
2 c. à soupe (30 ml) de fécule de maïs
½ c. à thé (2 ml) de vanille

Mettre le quinoa dans une casserole, ajouter l'eau et porter à ébullition. Réduire à feu doux, couvrir et cuire pendant 10 minutes. Éteindre le feu et laisser reposer pendant 6 minutes sans découvrir la casserole. Détacher les grains de quinoa avec une fourchette et laisser refroidir à découvert.

Dans une autre casserole, chauffer la crème à feu moyen-vif jusqu'à ce qu'elle soit fumante (ne pas faire bouillir). Retirer la casserole du feu.

Dans un petit bol, à l'aide d'un fouet, mélanger les œufs, le sucre, la fécule de maïs et 1 c. à soupe (15 ml) de la crème chaude. Ajouter 3 c. à soupe (45 ml) de la crème chaude, 1 c. à soupe (15 ml) à la fois, en fouettant sans arrêt pour tempérer les œufs. En fouettant, incorporer ce mélange au reste de la crème chaude dans la casserole. Cuire à feu moyen en fouettant sans arrêt jusqu'à ce que la préparation ait épaissi. Retirer la casserole du feu. Ajouter le quinoa refroidi et la vanille et mélanger. Verser le pouding dans des bols à dessert, couvrir et réfrigérer jusqu'au moment de servir.

4 portions

Pouding ultime au chocolat

Une petite douceur riche et pleine de protéines qui se prépare en un instant. De quoi impressionner vos invités.

½ tasse (125 ml) de farine de quinoa
1 ½ tasse (375 ml) d'eau
1 tasse (250 ml) de brisures de chocolat mi-sucré
1 tasse (250 ml) de fromage ricotta
¾ tasse (185 ml) de crème à 35 %
1 c. à soupe (15 ml) de sucre glace
framboises ou fraises fraîches (facultatif)

Dans une casserole, mélanger la farine et l'eau. Cuire à feu moyen, en remuant sans arrêt, de 3 à 5 minutes ou jusqu'à ce que le mélange ait épaissi et que l'eau ait été absorbée (s'il y a des grumeaux, ne vous en faites pas: ils disparaîtront au robot). Retirer la casserole du feu. Ajouter aussitôt les brisures de chocolat et remuer jusqu'à ce qu'elles soient fondues. Incorporer le fromage ricotta.

Au robot culinaire ou au mélangeur, réduire en purée lisse et homogène. Répartir la préparation dans des bols à dessert et réfrigérer jusqu'à ce qu'elle soit froide.

Au moment de servir, dans un bol, à l'aide d'un fouet ou d'un batteur électrique, fouetter la crème à 35% avec le sucre glace jusqu'à ce que le mélange forme des pics fermes. Garnir chaque pouding d'une cuillerée de crème fouettée et de framboises, si désiré.

2 portions

Yogourt fouetté à la banane et au beurre d'arachide

Un petit régal qui se savoure en tout temps, car tous les ingrédients sont bons pour la santé! Si vous avez un reste de quinoa cuit au réfrigérateur, vous pouvez l'utiliser à la place de la farine et de l'eau; il vous en faudra ⅓ tasse (80 ml). À servir avec des tranches de banane fraîche, si désiré.

- 2 c. à soupe (30 ml) de farine de quinoa
- ¼ tasse (60 ml) d'eau bouillante
- 1 banane congelée, brisée en morceaux
- ½ tasse (125 ml) de yogourt à la vanille
- 4 c. à thé (20 ml) de beurre d'arachide

Mettre la farine dans un petit bol, ajouter l'eau et mélanger jusqu'à ce que la préparation forme une pâte. Au robot culinaire ou au mélangeur, réduire la pâte de quinoa en purée lisse avec la banane, le yogourt et le beurre d'arachide. Répartir dans deux petits bols.

4 portions

Pommes au four aux bleuets

Cette petite douceur est assez saine pour être servie au déjeuner. Si vous servez les pommes au dessert, utilisez 4 c. à soupe (60 ml) de cassonade. Vous pouvez préparer les pommes la veille, les couvrir et les réfrigérer. Il ne vous restera qu'à les cuire.

- 1/3 tasse (80 ml) de quinoa
- 2/3 tasse (160 ml) d'eau
- 4 pommes entières (de type Gala, Golden Delicious ou Fiji), le cœur enlevé
- 1/4 tasse (60 ml) d'amandes en tranches
- 2 c. à soupe (30 ml) de cassonade
- 1 c. à soupe (15 ml) de jus de citron
- 1 c. à thé (5 ml) de cannelle moulue
- 1/2 c. à thé (2 ml) de piment de la Jamaïque moulu
- 1 tasse (250 ml) de bleuets frais ou surgelés, décongelés
- 1 tasse (250 ml) de yogourt ou de crème glacée à la vanille (facultatif)

Mettre le quinoa dans une casserole, ajouter l'eau et porter à ébullition. Réduire à feu doux, couvrir et cuire pendant 10 minutes. Éteindre le feu et laisser reposer pendant 15 minutes sans découvrir la casserole. Détacher les grains de quinoa avec une fourchette et laisser refroidir à découvert.

Préchauffer le four à 375°F (190°C). Tapisser le fond d'un moule carré de 9 po (23 cm) de papier-parchemin. Faire une incision peu profonde sur le pourtour des pommes et les déposer debout dans le moule.

Faire dorer les amandes au centre du four de 5 à 7 minutes. Dans un bol, mélanger le quinoa refroidi, les amandes grillées, la cassonade, le jus de citron, la cannelle et le piment de la Jamaïque. Ajouter les bleuets et mélanger. Remplir délicatement la cavité des pommes de la préparation de quinoa. Mettre le reste de la préparation autour des pommes. Couvrir le moule de papier d'aluminium, sans serrer.

Cuire au centre du four de 35 à 40 minutes ou jusqu'à ce que les pommes soient tendres. Déposer les pommes dans de petits bols ou des assiettes à dessert et les entourer de la préparation de quinoa. Garnir du yogourt ou de la crème glacée, si désiré.

Astuce Pour un dessert de dernière minute, mettre les pommes dans des bols individuels et les cuire au micro-ondes à intensité maximum de 4 à 5 minutes.

4 à 6 portions

Croustillant aux pommes et aux canneberges

Garniture aux pommes

- 6 pommes pelées, le cœur enlevé, coupées en tranches de ½ po (1 cm)
- 1 tasse (250 ml) de canneberges fraîches ou surgelées
- ¼ tasse (60 ml) de sucre blanc ou de sucre de canne
- 1 c. à thé (5 ml) de cannelle moulue
- 2 c. à soupe (30 ml) de sirop d'érable (facultatif)

Garniture croustillante

- 1 tasse (250 ml) de farine de quinoa
- ⅓ tasse (80 ml) de sucre blanc ou de sucre de canne
- ¼ tasse (60 ml) de cassonade tassée
- ½ tasse (125 ml) de beurre
- 1 tasse (250 ml) de noix de Grenoble, d'amandes ou de pacanes hachées grossièrement
- crème glacée à la vanille (facultatif)

Préchauffer le four à 350°F (180°C). Graisser un moule de 9 po x 13 po (23 cm x 33 cm) ou le vaporiser d'huile végétale.

Garniture aux pommes. Dans un bol, mélanger les pommes et les canneberges. Ajouter le sucre et la cannelle et mélanger pour bien enrober les fruits. Ajouter le sirop d'érable, si désiré, et mélanger. Étendre la garniture aux pommes dans le moule.

Garniture croustillante. Dans un autre bol, mélanger la farine, le sucre, la cassonade et le beurre. Avec les mains, travailler la préparation jusqu'à ce qu'elle soit grumeleuse. Ajouter les noix et mélanger. Parsemer cette préparation sur la garniture aux pommes.

Cuire au centre du four de 45 à 50 minutes ou jusqu'à ce que la garniture aux pommes soit bouillonnante. Servir chaud. Accompagner de crème glacée, si désiré.

4 à 6 portions

Croustade aux fraises et à la rhubarbe

- 3 tasses (750 ml) de fraises coupées en quatre
- 2 tasses (500 ml) de rhubarbe coupée en morceaux de ½ po (1 cm)
- ½ tasse (125 ml) de sucre blanc ou de sucre de canne
- 3 c. à soupe (45 ml) de fécule de maïs
- 2 c. à thé (10 ml) de cannelle moulue
- ¾ tasse (185 ml) de flocons d'avoine à cuisson rapide
- ½ tasse (125 ml) de cassonade tassée
- ¼ tasse (60 ml) de farine de quinoa
- ¼ tasse (60 ml) de beurre fondu
- ¼ tasse (60 ml) d'amandes en tranches

Préchauffer le four à 350°F (180°C). Graisser légèrement un moule de 9 po x 13 po (23 cm x 33 cm) ou le vaporiser d'huile végétale.

Dans un grand bol, mélanger les fraises et la rhubarbe avec le sucre, la fécule de maïs et 1 c. à thé (5 ml) de la cannelle de manière à bien enrober les fruits. Étendre la garniture aux fruits dans le moule.

Dans un autre bol, mélanger les flocons d'avoine, la cassonade, la farine et le reste de la cannelle. Ajouter le beurre et travailler la préparation jusqu'à ce qu'elle soit grumeleuse. Parsemer uniformément cette préparation sur la garniture aux fruits.

Couvrir le plat de papier d'aluminium et cuire au centre du four pendant 30 minutes. Retirer le papier d'aluminium et parsemer des amandes. Poursuivre la cuisson au four pendant 25 minutes ou jusqu'à ce que la garniture aux fruits soit bouillonnante et que la rhubarbe soit tendre. Laisser reposer de 8 à 10 minutes avant de servir.

2 portions

Parfaits aux fruits

Léger et velouté, cet irrésistible dessert se laisse déguster sans culpabilité. Exquis avec des petits fruits de saison, il est aussi délicieux avec des petits fruits surgelés, histoire de s'en délecter toute l'année. À essayer: tranches de pêches fraîches, mangue, kiwi, papaye, ananas, fraises, bleuets, framboises, mûres, bananes et purée de pommes. Pour une note encore plus fruitée, remplacez le yogourt nature, la vanille et le sirop d'érable par votre yogourt aux fruits préféré.

¼ tasse (60 ml) de quinoa
½ tasse (125 ml) d'eau
1 tasse (250 ml) de yogourt nature
1 c. à thé (5 ml) de sirop d'érable ou de cassonade
¼ c. à thé (1 ml) de vanille
¾ tasse (185 ml) de petits fruits frais ou d'autres fruits frais ou surgelés au choix, coupés en dés
brins de menthe fraîche (facultatif)

Mettre le quinoa dans une petite casserole, ajouter l'eau et porter à ébullition. Réduire à feu doux, couvrir et cuire pendant 10 minutes. Éteindre le feu et laisser reposer pendant 5 minutes sans découvrir la casserole. Détacher les grains de quinoa avec une fourchette et laisser refroidir à découvert.

Dans un petit bol, mélanger le yogourt, le sirop d'érable et la vanille. Ajouter le quinoa refroidi et mélanger jusqu'à ce que la préparation soit homogène. Dans deux verres à parfait (ou deux verres hauts) d'une capacité de 1 ½ tasse (375 ml) chacun, répartir les petits fruits et la préparation de yogourt en les alternant, de façon à former des couches successives. Garnir le dessus de chaque parfait d'un petit fruit ou d'un brin de menthe, si désiré. Les parfaits se conservent jusqu'à 2 jours au réfrigérateur.

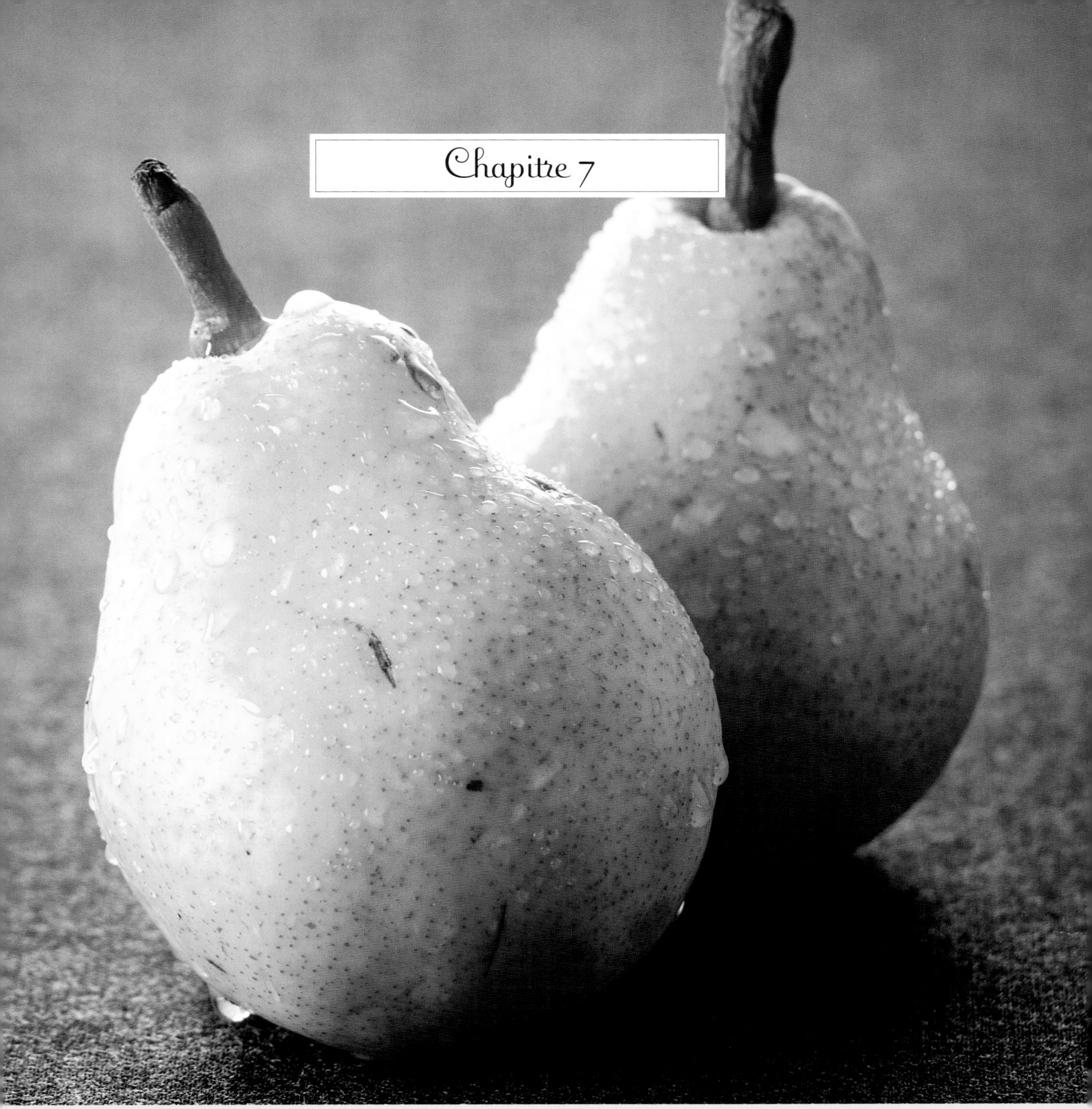

Chapitre 7

PRÉPARATIONS POUR BÉBÉS

Un bon départ

Faire ses propres préparations pour bébés est un bon moyen de surveiller l'alimentation de son enfant. En plus, c'est moins cher que d'acheter des préparations toutes faites. Nos recettes sont présentées par groupes d'âge approximatifs. Nous vous conseillons toutefois de consulter votre pédiatre lorsque vous commencerez à donner des aliments solides, au cas où nos principes généraux ne s'appliqueraient pas à votre enfant. Lorsque les préparations comportent plusieurs ingrédients, assurez-vous que chacun est sans risque pour votre enfant avant de commencer à faire des combinaisons.

Les purées de fruits ou de légumes avec du quinoa font des préparations pour bébés délicieuses et nutritives. Dans la mesure du possible, il vaut mieux utiliser des aliments biologiques: ils coûtent plus cher, certes, mais ils sont de meilleure qualité et plus savoureux. Vous pouvez créer vos propres préparations pour bébés en utilisant du quinoa cuit, réduit en purée et passé au tamis (au besoin). En l'éclaircissant au lait ou à l'eau, vous obtiendrez une base de céréales vraiment géniale.

Le quinoa rend nos recettes lisses et crémeuses, mais il est pratiquement impossible de déceler sa présence. Vraiment pratiques, certaines de nos préparations se congèlent en portions individuelles et se conservent jusqu'à 2 mois dans des sacs de congélation. Pour les utiliser, vous n'avez qu'à les décongeler au réfrigérateur ou à les réchauffer à feu doux dans une petite casserole. Une fois dégelées, les préparations pour bébés se conservent jusqu'à 48 heures au réfrigérateur.

QUINOA: GRAINS, FLOCONS ET FARINE

Le **quinoa en grains** donne de meilleures préparations pour bébés que la farine ou les flocons, car la valeur nutritive est mieux préservée dans un grain entier. Nous recommandons d'utiliser du quinoa blanc ou doré, car il a tendance à ramollir davantage pendant la cuisson et à faire de plus belles purées. Assurez-vous que votre purée est bien lisse et passez-la au tamis si vous désirez une consistance plus fine.

Le quinoa cuit vous permet d'apprêter vos préparations pour bébés en 30 minutes ou moins. La méthode de cuisson est simple: mettez le quinoa et l'eau dans une casserole et portez à ébullition. Réduisez à feu doux, couvrez la casserole et faites cuire pendant 10 minutes. Éteignez le feu et laissez reposer sans découvrir la casserole de 20 à 25 minutes ou jusqu'à ce que le quinoa soit bien cuit, gonflé et mou. Laissez refroidir à découvert avant d'utiliser.

PROPORTIONS ET RENDEMENT DU QUINOA EN GRAINS		
Grains de quinoa	Eau	Grains de quinoa cuits
1 tasse (250 ml)	2 ½ tasses (625 ml)	4 tasses (1 L)
½ tasse (125 ml)	1 ¼ tasse (310 ml)	2 tasses (500 ml)
¼ tasse (60 ml)	⅔ tasse (160 ml)	1 tasse (250 ml)

Avec un temps de préparation d'environ 4 minutes, les **flocons de quinoa** constituent une option rapide. De saveur douce, ils peuvent remplacer les flocons d'avoine dans tous les plats. Pour des préparations pour bébés quasi instantanées, mélangez les flocons de quinoa et l'eau dans une casserole et portez à ébullition à découvert. Réduisez à feu doux et faites cuire de 3 à 4 minutes, en remuant de temps à autre, jusqu'à ce que les flocons aient ramolli et qu'ils soient très tendres. Retirez la casserole du feu. Délayez la préparation avec de l'eau, du jus ou le lait avec lequel vous nourrissez votre bébé pour obtenir la consistance ou la saveur désirées.

PROPORTIONS ET RENDEMENT DES FLOCONS DE QUINOA		
Flocons de quinoa	Eau	Flocons de quinoa cuits
1 tasse (250 ml)	2 ⅔ tasses (660 ml)	2 ⅔ tasses (660 ml)
½ tasse (125 ml)	1 ½ tasse (375 ml)	1 ½ tasse (375 ml)
¼ tasse (60 ml)	⅔ tasse (160 ml)	⅔ tasse (160 ml)

La **farine de quinoa** permet aussi de faire rapidement des préparations nutritives. Un peu plus chère que la farine tout usage, la farine de quinoa a une saveur et un parfum plus prononcés. C'est pourquoi il faut l'introduire dans les préparations pour bébés en commençant par de petites quantités. À l'achat, privilégiez la meilleure qualité possible : cela vous assurera que le quinoa a été bien rincé et qu'il n'a pas de goût amer.

Pour la préparer, mettez la farine de quinoa dans un bol en verre ou en acier inoxydable et ajoutez de l'eau bouillante dans les proportions indiquées ci-dessous. Mélangez en écrasant les grumeaux avec le dos d'une cuillère. Couvrez le bol de papier d'aluminium et laissez reposer de 3 à 5 minutes. Ajoutez du lait ou de l'eau pour éclaircir la préparation selon la consistance désirée.

PROPORTIONS ET RENDEMENT DE LA FARINE DE QUINOA DÉLAYÉE		
Farine de quinoa	Eau bouillante	Farine de quinoa délayée
½ tasse (125 ml)	1 ½ tasse (375 ml)	1 ½ tasse (375 ml)
¼ tasse (60 ml)	¾ tasse (185 ml)	¾ tasse (185 ml)
2 c. à soupe (30 ml)	⅓ tasse (80 ml)	⅓ tasse (80 ml)

6 à 9 mois

Donne 2 tasses (500 ml).

Purée de banane et de bleuets

- 2/3 tasse (160 ml) de banane mûre
- 2/3 tasse (160 ml) de bleuets frais ou surgelés
- 2/3 tasse (160 ml) de quinoa cuit, de flocons de quinoa cuits ou de farine de quinoa délayée (voir p. 184)
- 2 c. à soupe (30 ml) d'eau ou de lait

Au robot culinaire ou au mélangeur, réduire la banane, les bleuets et le quinoa cuit en purée lisse. Au besoin, ajouter l'eau pour éclaircir la purée à la consistance désirée. Passer la purée au tamis si désiré pour obtenir une consistance plus fine.

Verser la purée dans un bac à glaçons et congeler environ 5 heures. Démouler les cubes de purée et les mettre dans un sac de congélation. Pour garder le maximum de sa valeur nutritive, la purée doit être conservée tout au plus 2 mois au congélateur. Laisser décongeler la purée au réfrigérateur ou la décongeler en la réchauffant à feu doux dans une casserole. La purée décongelée se conserve jusqu'à 48 heures au réfrigérateur dans un contenant hermétique.

6 à 9 mois

Donne 2 tasses (500 ml).

Purée de légumes santé

Préparez cette purée avec les légumes de votre choix: carotte, patate douce, brocoli, petits pois, courge ou pomme de terre. Lorsque votre enfant se sera habitué à manger chacun de ces légumes séparément, vous pourrez faire vos propres combinaisons.

- 1 tasse (250 ml) de légumes lavés, pelés et coupés en dés
- 1 tasse (250 ml) de quinoa cuit, de flocons de quinoa cuits ou de farine de quinoa délayée (voir p. 184)
- 1/4 à 1/3 tasse (60 à 80 ml) d'eau, d'eau de cuisson des légumes ou de lait

Cuire les légumes à la vapeur, ou les mettre dans une casserole contenant juste assez d'eau pour les couvrir et cuire de 15 à 20 minutes ou jusqu'à ce qu'ils soient tendres. Retirer la casserole du feu et laisser refroidir. Au robot culinaire ou au mélangeur, réduire les légumes et le quinoa cuit en purée lisse. Au besoin, ajouter l'eau pour éclaircir la purée à la consistance désirée. Passer la purée au tamis si désiré pour obtenir une consistance encore plus lisse.

Verser la purée dans un bac à glaçons et congeler environ 5 heures. Démouler les cubes de purée et les mettre dans un sac de congélation. Pour garder le maximum de sa valeur nutritive, la purée doit être conservée tout au plus 2 mois au congélateur. Laisser décongeler la purée au réfrigérateur ou la décongeler en la réchauffant à feu doux dans une casserole. La purée décongelée se conserve jusqu'à 48 heures au réfrigérateur dans un contenant hermétique.

6 à 9 mois

Donne 2 tasses (500 ml).

Super purée de fruits

Une combinaison toute simple préparée avec du quinoa et les fruits de votre choix: pomme, poire, pêche, bleuets, abricot ou prune. Un petit régal santé que votre bébé appréciera. La purée sera plus nourrissante et plus savoureuse si vous la préparez avec des fruits mûrs, naturellement sucrés. Lorsque votre enfant se sera habitué à manger chacun de ces fruits séparément, vous pourrez faire vos propres combinaisons.

1 tasse (250 ml) de fruits frais lavés, dénoyautés, pelés et coupés en dés
½ tasse (125 ml) d'eau
1 tasse (250 ml) de quinoa cuit, de flocons de quinoa cuits ou de farine de quinoa délayée (voir p. 184)
eau, eau de cuisson des fruits ou lait

Mettre les fruits dans une grande casserole, ajouter l'eau et porter à ébullition. Réduire à feu doux, couvrir et cuire de 8 à 10 minutes. Retirer la casserole du feu et laisser refroidir. Au robot culinaire ou au mélangeur, réduire les fruits et le quinoa cuit en purée lisse. Au besoin, ajouter de l'eau pour éclaircir la purée à la consistance désirée. Passer la purée au tamis si désiré pour obtenir une consistance encore plus lisse.

Verser la purée dans un bac à glaçons et congeler environ 5 heures. Démouler les cubes de purée et les mettre dans un sac de congélation. Pour garder le maximum de sa valeur nutritive, la purée doit être conservée tout au plus 2 mois au congélateur. Laisser décongeler la purée au réfrigérateur ou la décongeler en la réchauffant à feu doux dans une casserole. La purée décongelée se conserve jusqu'à 48 heures au réfrigérateur dans un contenant hermétique.

9 à 12 mois

Donne 1 ½ tasse (375 ml).

Purée de poulet et de légumes

Pour en avoir toujours sous la main, vous pouvez facilement doubler cette recette.

1 tasse (250 ml) de bouillon de poulet réduit en sel ou d'eau
½ tasse (125 ml) de poitrine de poulet cuite, coupée en dés
½ tasse (125 ml) de pomme de terre ou de patate douce coupée en dés
½ tasse (125 ml) de carotte coupée en dés, de bouquets de brocoli ou de petits pois
2 c. à soupe (30 ml) de quinoa non cuit

Dans une casserole, mélanger le bouillon, le poulet, la pomme de terre, la carotte et le quinoa et porter à ébullition. Réduire à feu doux, couvrir et cuire de 25 à 30 minutes ou jusqu'à ce que les légumes soient tendres. Retirer la casserole du feu et laisser refroidir. Au robot culinaire ou au mélangeur, réduire la préparation de légumes en purée lisse. Au besoin, ajouter de l'eau pour éclaircir la purée à la consistance désirée. Passer la purée au tamis si désiré pour obtenir une consistance encore plus lisse.

Verser la purée dans un bac à glaçons et congeler environ 5 heures. Démouler les cubes de purée et les mettre dans un sac de congélation. Pour garder le maximum de sa valeur nutritive, la purée doit être conservée tout au plus 2 mois au congélateur. Laisser décongeler la purée au réfrigérateur ou la décongeler en la réchauffant à feu doux dans une casserole. La purée décongelée se conserve jusqu'à 48 heures au réfrigérateur dans un contenant hermétique.

9 à 12 mois

Donne 1 tasse (250 ml).

Purée de poulet aux pommes

Pommes et poulet: voilà un mariage qui ravit les bébés, surtout lorsqu'ils n'aiment pas la purée de poulet nature.

- ⅔ tasse (160 ml) de pommes cuites ou de purée de pommes
- ¼ tasse (60 ml) de poitrine de poulet cuite, coupée en dés
- ¼ tasse (60 ml) de quinoa cuit, de flocons de quinoa cuits ou de farine de quinoa délayée (voir p. 184)
- eau, bouillon de poulet ou lait

Au robot culinaire ou au mélangeur, réduire les pommes, le poulet et le quinoa cuit en purée lisse. Au besoin, ajouter de l'eau pour éclaircir la purée à la consistance désirée. Passer la purée au tamis si désiré pour obtenir une consistance encore plus lisse.

Verser la purée dans un bac à glaçons et congeler environ 5 heures. Démouler les cubes de purée et les mettre dans un sac de congélation. Pour garder le maximum de sa valeur nutritive, la purée doit être conservée tout au plus 2 mois au congélateur. Laisser décongeler la purée au réfrigérateur ou la décongeler en la réchauffant à feu doux dans une casserole. La purée décongelée se conserve jusqu'à 48 heures au réfrigérateur dans un contenant hermétique.

9 à 12 mois

Donne 1 tasse (250 ml).

Yogourt fouetté aux fruits

Une boisson vite préparée dont votre enfant pourra se régaler à n'importe quel moment de la journée. Quand il fait chaud, transformez-la en une collation rafraîchissante en la préparant avec des fruits surgelés et du yogourt glacé. Pour que maman en profite aussi, doublez la recette!

- ½ tasse (125 ml) de yogourt nature
- 2 c. à soupe (30 ml) de quinoa cuit, de flocons de quinoa cuits ou de farine de quinoa délayée (voir p. 184)
- 2 c. à soupe (30 ml) de fruits frais (fraises, bleuets, banane, mangue)
- 2 c. à soupe (30 ml) de lait
- 1 c. à thé (5 ml) de sirop d'érable

Au robot culinaire ou au mélangeur, réduire tous les ingrédients en purée lisse.

1 portion

Coupe de quinoa au fromage cottage et aux fruits frais

Voilà qui fera un dîner ou un goûter rapide et nourrissant. À préparer idéalement avec des fruits de saison.

- ¼ tasse (60 ml) de fromage cottage à 2 %
- 2 c. à soupe (30 ml) de quinoa cuit, de flocons de quinoa cuits ou de farine de quinoa délayée (voir p. 184)
- 2 c. à soupe (30 ml) de fruits frais hachés finement (kiwi, banane, papaye, mangue, fraises, bleuets, pêche, prune ou poire)

Dans un petit bol, mélanger le fromage cottage et le quinoa cuit. Garnir de fruits frais. Servir aussitôt.

12 à 18 mois

Donne 26 mini-pancakes.

Mini-pancakes à la banane et aux brisures de chocolat

Ces mini-pancakes sont parfaits pour le déjeuner ou la collation. Pour les rendre encore plus santé, remplacez les brisures de chocolat par des bleuets. Gardez ces petits trésors au congélateur comme collations express ou repas de dépannage.

- 1 ⅓ tasse (330 ml) de farine de quinoa
- 3 c. à soupe (45 ml) de sucre blanc ou de sucre de canne
- 1 c. à soupe (15 ml) de poudre à pâte
- ½ c. à thé (2 ml) de sel
- 1 ¼ tasse (310 ml) de lait
- 1 gros œuf
- 1 c. à soupe (15 ml) d'huile végétale
- 1 c. à thé (5 ml) de vanille
- 1 tasse (250 ml) de banane mûre écrasée
- ⅓ tasse (80 ml) de brisures de chocolat ou de bleuets
- sirop d'érable ou yogourt

Dans un grand bol, mélanger la farine, le sucre, la poudre à pâte et le sel. Réserver. Dans un autre bol, à l'aide d'un fouet, mélanger le lait, l'œuf, l'huile et la vanille. Ajouter la banane et mélanger en fouettant jusqu'à ce que la préparation soit homogène. Verser la préparation de lait sur les ingrédients secs réservés et mélanger en fouettant jusqu'à ce que la pâte soit homogène.

Graisser légèrement une grande poêle antiadhésive (ou la vaporiser d'huile végétale) et la chauffer à feu moyen. Lorsque la poêle est chaude, y verser la pâte à l'aide d'une cuillère à soupe ou d'une louche, selon la grosseur de pancakes désirée (la recette donne 26 mini-pancakes de 2 po/5 cm ou 13 pancakes de 4 po/10 cm.) Ajouter quelques brisures de chocolat sur chaque pancake et cuire jusqu'à ce que des bulles se forment sur le pourtour. Retourner les pancakes et poursuivre la cuisson jusqu'à ce que le dessous soit légèrement doré. Retirer les pancakes de la poêle et les laisser refroidir légèrement avant de les servir (les brisures de chocolat ou les bleuets seront très chauds). Servir avec du sirop d'érable ou du yogourt (vous pouvez aussi manger les mini-pancakes comme des biscuits). Les mini-pancakes se conservent jusqu'à 1 mois au congélateur dans des sacs de congélation.

12 à 18 mois

Donne 1 tasse (250 ml).

Purée de poulet, de brocoli et de fromage

Vous pouvez remplacer le brocoli par des petits pois ou du chou-fleur.

½ tasse (125 ml) de brocoli, de petits pois ou de chou-fleur cuits
½ tasse (125 ml) d'eau, de bouillon de poulet ou d'eau de cuisson des légumes
⅓ tasse (80 ml) de quinoa cuit, de flocons de quinoa cuits ou de farine de quinoa délayée (voir p. 184)
2 c. à soupe (30 ml) de poitrine de poulet cuite, coupée en petits dés
2 c. à soupe (30 ml) de cheddar râpé
eau

Au robot culinaire ou au mélangeur, réduire tous les ingrédients en purée lisse ou à la consistance désirée selon l'âge de votre enfant (la préparation se congèle mieux si elle est en purée). Au besoin, ajouter de l'eau pour éclaircir la purée à la consistance désirée.

Verser la purée dans un bac à glaçons et congeler environ 5 heures. Démouler les cubes de purée et les mettre dans un sac de congélation. Pour garder le maximum de sa valeur nutritive, la purée doit être conservée tout au plus 2 mois au congélateur. Laisser décongeler la purée au réfrigérateur ou la décongeler en la réchauffant à feu doux dans une casserole. La purée décongelée se conserve jusqu'à 48 heures au réfrigérateur dans un contenant hermétique.

12 à 18 mois

Donne ½ tasse (125 ml).

Yogourt aux fraises

Avec son quinoa entier et ses petits morceaux de fruits, ce yogourt rehaussé d'une touche de sirop d'érable est une belle introduction pour les tout-petits aux préparations plus texturées.

¼ tasse (60 ml) de yogourt nature
2 c. à soupe (30 ml) de quinoa cuit, de flocons de quinoa cuits ou de farine de quinoa délayée (voir p. 184)
2 c. à soupe (30 ml) de fraises fraîches (ou d'autres fruits frais) coupées en petits dés
½ c. à thé (2 ml) de sirop d'érable

Dans un petit bol, bien mélanger tous les ingrédients. Servir frais (ne pas congeler).

TABLE DES MATIÈRES

1 ► AU DÉJEUNER

2 ► AMUSE-GUEULE, ACCOMPAGNEMENTS, COLLATIONS ET SALADES

3 ► SOUPES ET PLATS MIJOTÉS

4 ► PLATS PRINCIPAUX

5 ► BISCUITS, MUFFINS ET CIE

6 ► DESSERTS ALLÉCHANTS

7 ► PRÉPARATIONS POUR BÉBÉS

INDEX

REMERCIEMENTS

Nous tenons à remercier nos maris, Ian Green et Paul Hemming, de leur immense soutien et de leur délicieux sens de l'humour en toutes circonstances, surtout pendant nos essais culinaires. Un merci aussi à Alyssa et Sydney, les plus passionnées – et honnêtes – des goûteuses. Nous voulons également dédier ce livre à nos grands-parents Esther Friesen et son défunt mari George, et à notre défunte grand-mère Florence Runkvist, qui nous ont transmis toutes leurs connaissances sur la nature et la saine alimentation ainsi que leur amour de la terre.

Tout au long de ce projet, nous avons reçu de nombreux conseils et encouragements. Nous voulons remercier notre père, Swen Runkvist, de son soutien inconditionnel. Merci aussi à notre oncle, Robert Friesen, qui a joué un rôle de catalyseur dans la réalisation de ce livre. C'est pour lui que Patricia s'est mise à la recherche de recettes sans gluten, et c'est ce qui lui a fait découvrir le quinoa. Nous devons également souligner la contribution de Jill Howell, qui a fait connaître le quinoa à Patricia. Un grand merci aussi à Caroline Connolly, Carolyn Botin, Claire Burnett, Fay Lewis, Joan Streadwick, Jocelyn Campanaro, Jodi Bates, Joe Dutcheshen, Joy Hemming, Laurie Scanlin, la famille Lewis, Mary Decelles, Michael Eskin, Michael Dutcheshen, Onalee Orchard, Paul Challen, Richard Meunier, Robert McCullough et Sara Busby, ainsi qu'à nos amis et à notre famille. Enfin, un sincère merci à tous les gens fantastiques que nous avons rencontrés pendant cette aventure.
– P.G. et C.H.

De tous les remerciements, le plus important va à ma sœur et coauteure, Patricia, que je tiens à remercier de tout cœur pour sa vision de ce livre, ses idées brillantes et son courage quotidien. Merci « sista »! – C.H.